国家级实验室保密工作实务

★★★★★

宋海涛 解玮玮 曲 丹 编著

中国海洋大学出版社
·青岛·

图书在版编目（CIP）数据

国家级实验室保密工作实务 / 宋海涛, 觧玮玮, 曲丹编著. -- 青岛 : 中国海洋大学出版社, 2020.12
ISBN 978-7-5670-2641-4

Ⅰ.①国… Ⅱ.①宋… ②觧… ③曲… Ⅲ.①实验室管理—保密工作—规范—中国 Ⅳ.①G311

中国版本图书馆CIP数据核字(2020)第224517号

出版发行	中国海洋大学出版社
社　　址	青岛市香港东路23号　　邮政编码　266071
出 版 人	杨立敏
网　　址	http://pub.ouc.edu.cn
订购电话	0532-82032573（传真）
责任编辑	张　华
照　　排	青岛光合时代文化传媒有限公司
印　　制	北京虎彩文化传播有限公司
版　　次	2020年12月第1版
印　　次	2020年12月第1次印刷
成品尺寸	148mm×210mm
印　　张	8.25
印　　数	1~1000
字　　数	176千
定　　价	58.00元

如发现印装质量问题，请致电18600843040，由印刷厂负责调换。

前 言

国家级实验室是国家科学技术研究工作的战略科技力量。面对当前世界各国在科技领域日趋激烈的竞争态势和科技情报窃密的严峻形势，国家级实验室既肩负着把我国建设成为世界科技强国的光荣使命，也肩负着保护科技领域国家秘密安全的重要责任。

为探索而总结符合国家级实验室开展保密工作的实际规律，形成科学实用的保密工作管理体制和工作机制，经认真研究，通过学习借鉴、拓展思路、创新实践、改进提升，我们总结形成了《国家级实验室保密工作实务》。

该规范手册系统性、针对性、实用性和可操作性强，对于国家级实验室科学有效地开展新形势下的保密工作、保障科学技术创新发展具有重要参考价值和借鉴作用。

海洋国家实验室
2019年8月

目录 CONTENTS

第一章　总　则 001

第二章　保密组织机构及职责 005

第三章　科技秘密密级的确定、变更和解除 013

第四章　涉密科技人员管理 033

第五章　涉密科学技术项目管理 059

第六章　协作配套保密管理 071

第七章　涉密载体管理 083

第八章　计算机及信息系统保密管理 105

第九章　通信及办公自动化设备保密管理 147

第十章　涉密科研场所及资产保密管理 155

第十一章　涉密会议、活动保密管理 171

第十二章　对外科技交流保密管理 185

第十三章　科技宣传报道保密管理 201

第十四章　监督检查与风险评估 209

第十五章　泄密事件的报告和查处 233

第十六章　考核与奖惩 243

第一章

总　则

第一条 为加强国家级实验室保密工作，依据党的保密工作方针政策和国家保密法律法规，结合国家级实验室实际，制定本规范。

第二条 国家级实验室保密工作以习近平新时代中国特色社会主义思想为统领，围绕中央有关保密工作要求，积极探索，勇于创新，努力为我国科技保密事业开创新局面。

第三条 国家级实验室保密工作坚持积极防范、重点保障、动态管理、强化责任原则，做到既确保国家秘密安全，又便于科技工作开展。

第四条 国家级实验室保密工作要贯彻党管保密原则，落实保密工作领导责任制，坚持科技工作谁主管、保密工作谁负责，建立健全各项举措，做到人防、物防、技防并举，为保密工作开展提供强有力的保障。

第五条 保密工作的重点：涉密人员和涉密载体的管理，涉密通信、涉密计算机和信息系统的安全防范。

第六条 保密工作的实施要求：保密管理和业务管理相结合，各级负责人要将保密工作与业务工作同计划、同部署、同检查、同总结、同奖惩，落实统一领导、规范管理、防范在先、措施落实、分级负责、责任到人。

第七条 有关部门、科研单元、保密区域和特殊岗位,可以根据其所具有的保密特性或特殊要求,按保密工作管理的要求,另行制定保密管理细则、制度、规定,并公布明示。

第八条 在岗、借调、退休人员都应遵守相应的保密规定和要求;对因公来单位的出差人员或协作方人员,负责接待的人员应及时提醒其遵守相应的保密规定和要求。

第九条 保密工作管理涉及范围,应包括单位内工作区、单位外工作区、涉密会议单位外会议场地、因公旅途及所达区域等涉密人员所触及之地域。

第十条 保密守则

(一)不该说的秘密不说;

(二)不该看的秘密不看;

(三)不该问的秘密不问;

(四)不该带的秘密不带;

(五)不在私人通信中涉及秘密;

(六)不在非保密本上记载秘密;

(七)不在无保密措施的场所阅办、谈论秘密;

(八)不在无保密措施的地方存放涉密载体,不带保密资料游览或探亲访友,不在非密计算机或非密存储介质中存储、处理涉密信息;

（九）不用普通邮递传递秘密；

（十）不得私自或者在无保密措施的情况下制作、收发、传递、复制、使用、存放、销毁涉密载体；

（十一）不得隐瞒失、泄密事件。

第十一条 本规范适用于国家实验室、国家研究中心、国家重点实验室、国家工程实验室以及承担国家重大科技项目的科研单位和机构开展保密管理工作。

第二章

保密组织机构及职责

第十二条 保密委员会

设立国家级实验室保密委员会（保密工作领导小组），作为保密工作的领导机构。由单位负责人和有关职能部门负责人组成。保密委员会主任（组长）由单位法定代表人或主要负责人担任，副主任（副组长）由分管保密和科技工作的负责人担任，成员由相关职能部门主要负责人担任。

（一）保密委员会主要职责

1. 贯彻执行党的保密工作方针政策和国家保密法律法规，按照上级有关保密工作的部署要求，结合实验室工作实际抓好落实；

2. 听取保密工作情况汇报，及时研究解决保密工作中的重要事项和问题，审定年度保密工作要点，对保密工作进行研究、部署和总结；

3. 建立实验室保密管理体制机制，健全保密组织机构，完善保密工作制度；

4. 实行实验室领导干部保密工作履职报告制度，督促保密工作领导责任制落实；

5. 研究解决保密工作所需要的人财物等保障问题；

6. 组织开展保密检查、考核工作，通报情况，提出改进意见；

7. 组织查处失、泄密事件，并督促检查采取补救措施的情况；

8. 健全保密工作激励约束机制，表彰、奖励保密工作的先进集体和个人等。

保密委员会实行例会制度，每年不少于两次，遇重大情况应及时召开会议。实验室保密工作开展情况应当向单位党委和上级主管部门报告，并将有关工作情况向协作单位通报。

（二）保密委员会成员主要工作职责

1. 保密委员会主任工作职责

（1）保密委员会主任是实验室保密工作的第一责任人，对实验室保密工作负全面领导责任；

（2）负责召开保密委员会会议，结合实验室工作实际，确定会议议题，贯彻落实党的保密方针政策和国家保密法律法规；

（3）听取保密工作情况汇报，及时研究解决保密工作重大问题；

（4）监督检查保密委员会成员责任制落实；

（5）支持保密委员会办公室履行工作职能。

2. 保密委员会副主任工作职责

（1）协助保密委员会主任开展工作；

（2）按照分工抓好职责范围内的保密工作；

（3）完成保密委员会交办的其他工作。

涉密项目多、涉密等级高、保密工作任务繁重的实验室，应当设置保密委员会专职副主任（专职保密总监）。

3. 保密委员会其他成员工作职责

（1）对分管工作范围内的保密工作负直接领导责任；

（2）按照保密委员会分工和确定的事项，对分管范围内的保密工作进行研究和部署；

（3）结合分管业务组织制定保密管理制度和措施，并督促检查落实；

（4）为保密工作开展提供保障；

（5）承担保密委员会交办的其他工作。

第十三条 保密委员会办公室

保密委员会下设办公室，作为保密委员会日常办事机构，是实验室保密管理工作职能部门。保密委员会办公室设主任一名，由中层以上负责人担任，并配备一定数量的专兼职工作人员。

（一）保密委员会办公室工作职责

1.在保密委员会直接领导下，负责实验室保密工作的日常运行；

2.负责保密委员会工作决策部署的组织实施和督促推进；

3.负责实验室保密制度建设、教育培训、监督检查、技术防范、风险评估、考核奖惩等；

4.负责调查研究，全面掌握实验室保密工作开展情况，为保密委员会提供决策依据和参考建议；

5.对各部门（科研单元）和科技项目实施中的保密工作进行指导和监督，加强对保密工作小组和专兼职保密员的工作指导；

6.负责保密工作计划、总结报告等文件起草、档案资料管理等；

7.对重要会议和重大活动的保密工作进行指导并提供保障；

8.及时制止和纠正保密违法违规行为，协助保密行政管理部门查处泄密事件；

9.完成上级保密工作部门和保密委员会交办的其他事项，向保密委员会和上级保密部门报告工作。

（二）保密委员会办公室成员职责

1.保密委员会办公室主任工作职责

（1）带领办公室全体人员认真贯彻落实保密委员会的决策部署和工作要求；

（2）及时向保密委员会主任汇报情况、请示工作；

（3）按照办公室职责范围，抓好各项工作落实；

（4）抓好办公室工作人员的思想、业务、作风、廉政建设；

（5）完成保密委员会交办的其他事项。

2.保密委员会办公室其他成员工作职责

（1）在保密委员会办公室主任直接领导下，具体负责单位保密工作的日常运行；

（2）负责起草单位保密工作计划、总结报告、日常管理文件等；

（3）负责单位保密制度建设、教育培训、监督检查、技术防范、风险评估、考核奖惩等工作的具体落实；

（4）对各部门（科研单元）和科技项目组的保密工作进行指导和监督；

（5）对重大涉密会议、活动的保密工作进行指导并提供必要的保障；

（6）协助保密行政管理部门查处泄密事件；

（7）负责单位保密档案资料管理；

（8）完成保密委员会和保密委员会办公室主任交办的其他任务。

第十四条 定密专家咨询委员会

成立定密专家咨询委员会，负责定密事务的咨询、研究和建议等。定密专家咨询委员会由国家级实验室各科技领域相关专家组成,对密级确定、变更或解除时的不明确事项、有争议事项进行事实认定,提出密级确定、变更或解除建议。

第十五条 保密工作小组

保密工作小组是国家级实验室保密工作的基层组织,在保密委员会的领导下,按照其职责具体抓好工作落实。涉密人员数量较多、保密管理任务较重的部门(科研单元),以及承担重大科技任务、涉密科技项目和环境复杂的外场试验时,应当设立保密工作小组,组长由部门(科研单元)或项目主要负责人担任。保密工作小组配备兼职保密员,负责协助部门(科研单元)负责人开展日常保密工作,进行保密监督检查,与保密委员会办公室对接沟通,处理相关保密事务。

(一)保密工作小组职责

1. 针对部门(科研单元)实际和科技项目需求,制定具体保密工作制度或保密实施方案,并抓好监督执行;

2. 搞好保密教育培训,组织签订保密承诺书;

3. 抓好涉密人员管理,规范涉密人员行为;

4. 抓好涉密载体、信息设备、信息系统等的保密管理;

5. 抓好业务工作开展和项目实施的场所、环境、信息交换等重要环节的保密管理;

6. 做好保密检查,组织保密自查,及时堵塞漏洞,消除泄密隐患;

7. 向保密委员会办公室报告保密工作开展情况;

8. 完成保密委员会和保密委员会办公室交办的其他工作。

（二）兼职保密员职责

1.督促部门（科研单元）负责人、涉密人员定期进行保密自查，组织部门（科研单元）保密自查；

2.配合保密委员会办公室定期对计算机、存储介质和办公自动化设备进行涉密检查；

3.定期更新计算机、存储介质和办公自动化设备台账；

4.定期清查核对部门（科研单元）计算机、存储介质和办公自动化设备；

5.协助部门（科研单元）负责人定期开展保密教育培训；

6.督促新入职领导或职员签订保密责任书或承诺书；

7.定期分析保密工作情况，解决重点、难点问题，管控泄密风险；

8.负责撰写部门年度保密工作报告；

9.完成保密委员会和保密委员会办公室交办的其他工作。

第三章

科技秘密密级的确定、变更和解除

第十六条 科学技术秘密是指科学技术规划、计划、项目及成果中，关系国家安全和利益，依照法定程序确定，在一定时间内只限一定范围的人员知悉的事项。

科学技术秘密定密是指依法确定、变更和解除科学技术秘密的活动。定密应当坚持专业化、最小化、精准化、动态化原则，做到权责明确、依据充分、程序规范、及时准确，既确保科学技术秘密安全，又促进科学技术发展。

第十七条 关系国家安全和利益，泄露后可能造成下列后果之一的科学技术事项，应当确定为科学技术秘密：

（一）削弱国家防御和治安能力；

（二）降低科学技术国际竞争力；

（三）制约国民经济和社会长远发展；

（四）损害国家声誉、权益和对外关系。

有下列情形之一的科学技术事项，不得确定为科学技术秘密：

（一）国内外已经公开；

（二）难以采取有效措施控制知悉范围；

（三）无国际竞争力且不涉及国家防御和治安能力；

（四）已经流传或者受自然条件制约的传统工艺。

第十八条 确定、变更和解除科学技术秘密，应当具有定密权，没有定密权的应首先取得定密授权。

中央国家机关、省级机关以及设区的市、自治州一级的机关

（以下简称授权机关）可以根据工作需要做出定密授权。

（一）中央国家机关可以在主管业务工作范围内做出授予绝密级、机密级和秘密级科学技术秘密定密权的决定；

（二）省级机关可以在主管业务工作范围内或者本行政区域内做出授予绝密级、机密级和秘密级科学技术秘密定密权的决定；

（三）设区的市、自治州一级的机关可以在主管业务工作范围内或者本行政区域内做出授予机密级和秘密级科学技术秘密定密权的决定。

被授权单位不得再行授权。定密授权决定以书面形式做出，明确被授权单位的名称和具体定密权限、事项范围、授权期限。

被授单位不再承担授权范围内的涉密科研管理任务，授权机关应当及时撤销定密授权。

因科学技术保密法律法规和相关工作国家秘密范围调整，授权事项密级发生变化，授权机关应当重新做出定密授权。

对于派生科学技术秘密的定密，单位不需要具有相应的定密权。

第十九条 定密责任人由法定的定密责任人和指定的定密责任人组成，负责单位科学技术秘密的确定、变更和解除工作。

单位负责人作为法定的定密责任人，对单位定密工作负总责。指定的定密责任人具体承担定密职责。根据工作需要，单位负责人指定单位分管涉及科学技术秘密业务工作的负责人、产生科学技术秘密较多的部门（科研单元）负责人或者由于岗位职责需要的其他工作人员为定密责任人，并明确相应的定密权限。

定密责任人应当符合在涉密岗位工作的基本条件，接受定密培训，熟悉科学技术保密法律法规及定密规定，熟悉主管业务和相关行业工作科学技术秘密事项范围，以及科学技术秘密产生部门（科研单元）、部位及工作环节，掌握定密程序和方法。

定密责任人的职责：

（一）在定密权限范围内，审核批准单位产生的科学技术秘密的名称、密级、保密期限、保密要点和知悉范围；

（二）同单位确定的科学技术秘密持有部门（科研单元）签订保密责任书；

（三）对单位确定的尚在保密期限内的科学技术秘密进行审核，做出是否变更或者解除的决定；

（四）对单位产生的且无权定密的科学技术秘密事项，提请上级有相应定密权的机关、单位定密。

单位负责人发现其指定的定密责任人有下列情形之一的，应当做出调整：

（一）定密不当，情节严重的；

（二）因离岗离职无法继续履行定密职责的；

（三）科学技术行政管理部门建议调整的；

（四）因其他原因不宜从事定密工作的。

第二十条 保密期限

（一）科学技术秘密的保密期限可以是应当保密的时间段，也可以是明确的解密时间；不能确定具体保密期限的，应当确定明确、具体、合法的解密条件。

（二）科学技术秘密的保密期限，绝密级不超过30年，机密级不超过20年，秘密级不超过10年。

（三）科学技术秘密的保密期限不得确定为长期。

（四）保密期限在一年及一年以上的，以年计；保密期限在一年以内的，以月计；保密期限自标明的制发日起算，不能标明制发日的，自通知密级和保密期限之日起算。

（五）根据单位科研、生产的实际需要，保密委员会可以对保密范围中的某类事项规定最短保密期限；有关部门（科研单元）或人员在提出密级变更或解密时，不得短于最短期限规定的日期，确需提前变更或解密的，应经保密委员会审批。

（六）密级事项的保密期限届满，而又未接到延长期限通知时，维持原密级，但超过三个月的即自行解密。

第二十一条　知悉范围

科学技术秘密的知悉范围包括允许知悉科学技术秘密名称、密级、保密期限和保密要点的机关、单位或者相关工作人员。

一般情况下，知悉范围不应当包括境外组织、机构、人员，境外驻华组织、机构或者外资企业等。

第二十二条　保密标志

（一）科学技术秘密确定后必须在其相应载体的明显部位做出专用标志，纸介质密件必须标识在正文首页左上角，不属于科学技术秘密的载体不得使用国家秘密标志。

（二）科学技术秘密的标志由"密级""★""保密期限"三个部分组合而成，如"机密★15年"，表示该密件为机密级，保密期限为15年。规定"★"前标密级，省略"★"后的保密期限的，则表示保密期限按国家统一规定。

（三）单位密级事项，主要达到内部受控的要求，但科研生产项目、二级分解定密后的科技文件、密级变更后的图纸资料以及需要引起高度重视的重大内部事项应当标注"内部"。

（四）密级和保密期限变更后，对纸介质和归档电子版（包括不许可或不能消除的含有涉密内容的载体）应当在原标明位置的附近做出标志，同时还应标明变更的日期，原标志以明显的方式废除。

（五）在保密期限内解密的密件，应当以能够明显识别的方式标明"解密"字样。

（六）文件、资料汇编或按项目、课题、产品、任务等形式立卷，应当对各独立密件的密级和保密期限做出标志，并在封面或首页以其中的最高密级和最长保密期限做出标志。

（七）纸介质密件中只有少量内容属于国家秘密的，除按保密标识的要求标识外，还可以直接在属于国家秘密信息的段落之前标明密级，或者以文字指明哪些属于国家秘密事项。

第二十三条 不明确事项和有争议事项

（一）不明确事项

不明确事项，是单位根据保密法规定，认为所产生的事项具备国家秘密构成要素，泄露后会损害国家安全和利益，但在保密事项范围中，没有对其是否属于国家秘密及属于何种密级做出明确规定的情形。根据要求，不明确事项应当按照下列程序办理：

事项产生部门（科研单元）对符合保密法的规定，但保密事项范围没有规定的不明确事项，应当首先采取保密措施，并上报保密委员会，然后组织相关领域定密专家咨询委员会成员召开定密研讨会，确定密级、保密期限和知悉范围；定密专家咨询委员会不能确定时，应先行拟定密级、保密期限和知悉范围，采取相应的保密措施，并自拟定之日起10个工作日内报有关部门确定。

（二）有争议事项

有争议事项，是指单位对已定密事项是否属于国家秘密或者属于何种密级有不同意见，向原定密机关、单位提出异议后，原定密机关、单位未予处理或者对原定密机关、单位做出的决定仍有异议的情形。根据规定，有争议事项应当按照下列规定办理。

由承办人按争议中所主张的最高密级和最长保密期限提出定密意见，经定密责任人审核并报单位负责人批准后，逐级报至有相应密级确定权的保密行政管理部门确定。

若国家秘密产生在地方，但属于中央国家机关直属单位或者具有特殊保密要求的，单位应直接报请主管中央国家机关审核，再由审核机关报请国家保密行政管理部门确定。

单位对省、自治区、直辖市保密行政管理部门做出的决议仍有异议的，可以向国家保密行政管理部门申请复核。

在原定密单位做出处理或者保密行政管理部门做出决定前，对有关事项应当按照主张密级中的最高密级采取相应的保密措施。

第二十四条 科学技术秘密的确定、变更和解除的要求

(一)科学技术秘密的确定要求

确定科学技术秘密应当依据科学技术秘密事项范围进行。科学技术秘密事项范围没有明确规定但属于《科学技术保密规定》(科学技术部、国家保密局令第16号)第九条规定情形的,应当确定为科学技术秘密。

确定科学技术秘密,应当同时明确其名称、密级、保密期限、保密要点和知悉范围。

根据泄露后可能对国家安全和利益造成的损害程度,将科学技术秘密分为绝密、机密和秘密三级。除泄露后会给国家安全和利益带来特别严重损害的外,科学技术原则上不确定为绝密级科学技术秘密。

确定国家科学技术秘密应当按照以下途径进行:

对所产生的科学技术秘密事项有定密权限的,应当依法确定名称、密级、保密期限、保密要点和知悉范围;对所产生的科学技术秘密事项没有定密权限的,应当先行采取保密措施,并向有相应定密权限的上级机关、单位提请定密;没有上级机关、单位的,向有相应定密权限的业务主管部门提请定密;没有业务主管部门的,向所在省、自治区、直辖市科学技术行政管理部门提请定密。

(二)科学技术秘密的变更要求

定密时所依据科学技术秘密事项范围发生变化的,应当在原定

保密期限届满前对所确定科学技术秘密事项的密级、保密期限、保密要点、知悉范围及时做出变更。

科学技术秘密的变更，由原定密单位决定，也可由其上级机关、单位决定。

科学技术秘密的密级、保密期限、保密要点和知悉范围可以单独或者同时进行变更。

持密部门（科研单元）在境内与非涉外机构开展科学技术交流、合作、转移转化等活动，如果涉及保密要点，应当由持密部门（科研单元）报请原定密机关、单位批准。

（三）科学技术秘密的解除要求

科学技术秘密的具体保密期限已满、解密时间已到或者符合解密条件的，自行解密。

尚在保密期限内的科学技术秘密，经审查有下列情形之一时，应当提前解密：

1. 已经扩散且无法采取补救措施的；
2. 科学技术秘密事项范围调整后，不再属于科学技术秘密的；
3. 公开后不会损害国家安全和利益的。

提前解密由原定密机关、单位决定，也可由其上级机关、单位决定。

确定、变更和提前解除科学技术秘密，应当做出书面记录，并在做出决定后20个工作日内书面通知知悉范围内的机关、单位或者人员。

第二十五条 科学技术秘密确定、变更和解除程序

(一)涉密事项一览表的制定与更新

1.单位各部门(科研单元)根据业务工作每季度提出部门(科研单元)的涉密事项一览表并提交至保密委员会办公室;

2.保密委员会办公室组织召开涉密事项一览表制定论证会议,邀请相关领域定密专家咨询委员会成员对提出的涉密事项一览表进行咨询论证,形成意见,报保密委员会审定;

3.涉密事项一览表由保密委员会审定后,由保密委员会办公室发至各部门(科研单元);

4.按照以上流程定期更新涉密事项一览表。

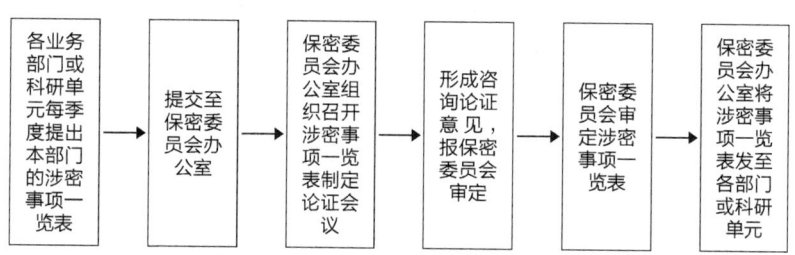

图3-1 制定涉密事项一览表的工作程序

(二)科学技术秘密确定

1.具体承办人对业务工作中产生的属于科学技术秘密的事项,根据保密事项范围,提出定密依据、密级、保密期限和知悉范围等意见,填写《科学技术秘密确定审批表》,呈报部门(科研单元)定密责任人审核;

2.定密责任人对承办人提出的拟定意见,对照保密事项范围,提出审核批准意见,若定密责任人对产生的科学技术秘密事项是否

第三章 科技秘密密级的确定、变更和解除

涉密和涉密程度如何不能确定，可邀请相关领域定密专家咨询委员会成员召开研讨会，就科学技术秘密确定进行研讨咨询，同意承办人拟定意见的，签字认可；不同意的，直接予以纠正或者退回承办人重新办理；决定不定密的，明确提出不予定密的意见；

3.承办人对已审核批准的国家秘密事项，按照有关规定做出国家秘密标志；

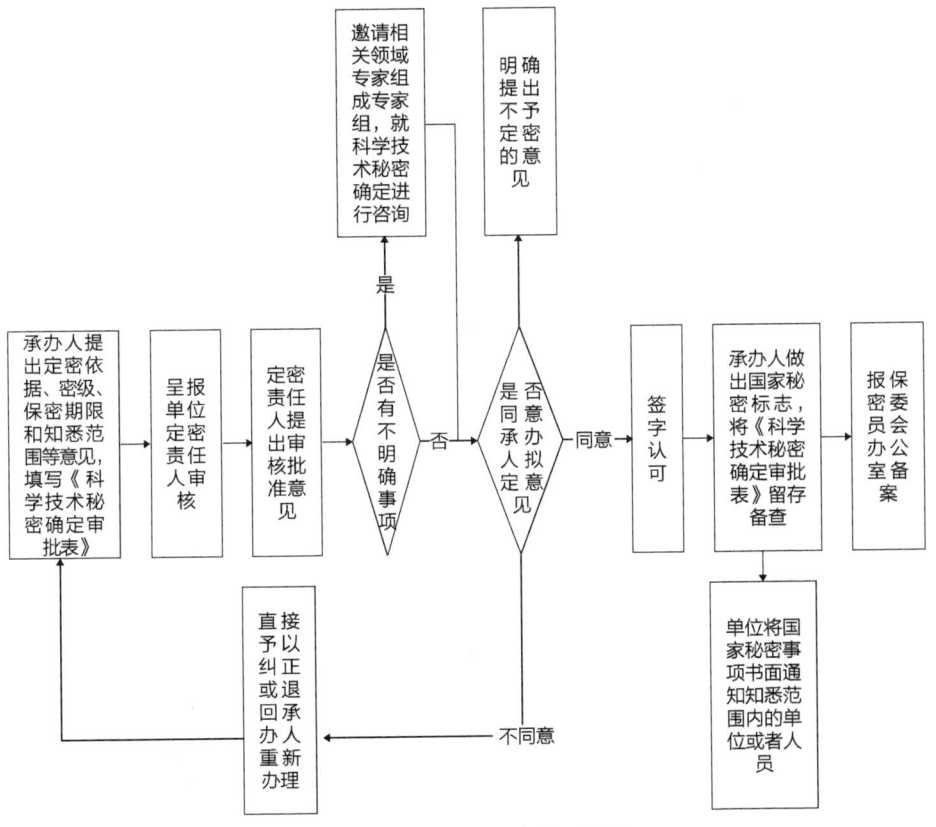

图3-2 确定科学技术秘密的工作程序

4.程序完成后,承办人将《科学技术秘密确定审批表》留存备查,并报保密委员会办公室备案;

5.单位将国家秘密事项书面通知知悉范围内的机关、单位或者人员。

对于派生科学技术秘密事项,由单位依据已定密事项定密,密级、保密期限和知悉范围要求与原始科学技术秘密一致。

(三)科学技术秘密变更

1.密级变更条件

秘密事项,有下列情形之一的,应当变更密级:

(1)发现原定密级偏高或偏低,接触范围发生变化的;

(2)该事项泄露后对国家的安全和利益的损害程度已发生明显变化的;

(3)上级机关、单位对事项的原密级明文做出变更后的派生文件;

(4)按单位科学技术定密的项目,被上级机关、单位采用后以原名称立项下达,但明确的密级与本单位原定密级不一致;

(5)秘密事项有下列情形之一的,应提高密级:

①发现原定密级偏低,且没有扩大知悉范围;

②科技项目取得新的或突破性的进展,对国家安全和利益有比预期更重大的意义;

③新发现原密级的秘密事项对国家安全具有更巨大的潜在作用;

④泄露后对国家安全和利益损害程度有可能加重的。

（6）秘密事项有下列情形之一的，应降低密级：

①发现原定密级偏高；

②已有接替技术，但仍有一定保密价值；

③因科技发展和经济建设需要或单位科研生产实际需要，可以扩大知悉范围；

④泄露后对国家安全和利益损害程度降低的。

2.密级变更工作程序

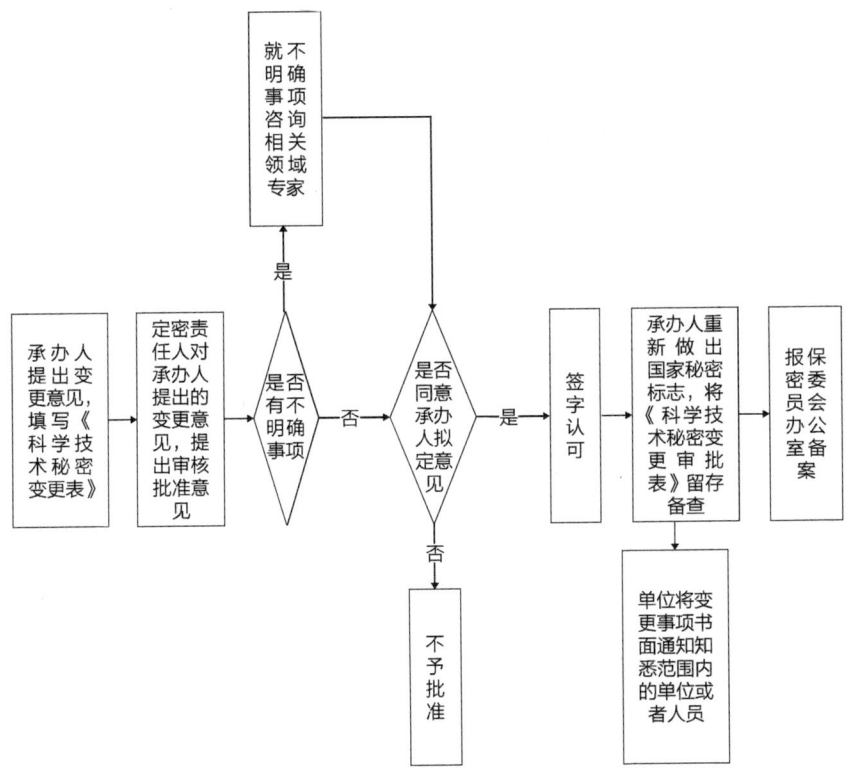

图3-3 科学技术秘密变更工作程序

（1）承办人提出变更意见，填写《科学技术秘密变更审批表》；

（2）定密责任人对承办人提出的变更意见，提出审核批准意见，定密责任人若有不确定事项，可参考科学技术秘密确定工作程序，就不明确事项组织相关领域定密专家咨询委员会成员召开研讨会，就变更事项咨询相关领域专家，同意承办人拟定意见的，签字认可，对变更意见不准确的不予批准；

（3）承办人对已审核批准的变更事项，按照有关规定重新做出国家秘密标志；

（4）承办人将《科学技术秘密变更审批表》留存备查，同时报保密委员会办公室备案；

（5）单位将变更事项书面通知知悉范围内的机关、单位或者人员。

科学技术秘密变更不一定都需要承办人参与，也可以由定密责任人依法直接做出变更科学技术秘密的决定。

（四）科学技术秘密解除

科学技术秘密解密分为自行解密和提前解密两种。自行解密，即科学技术秘密期限已满，定密单位或部门未决定延长保密期限的，该科学技术秘密自行解密；提前解密，即科学技术秘密在保密期限届满前进行解密审查，认为不需要继续保密的，提前履行程序予以解密。

1.科学技术秘密解除条件

秘密事项有下列情形之一的，应当及时解除密级：

（1）已经扩散且无法采取补救措施的；

(2)科学技术秘密事项范围调整后,不再属于科学技术秘密的;

(3)已经有接替技术或已转化为公共民用技术,原有技术失去保密价值;

(4)保密期限届满,且没有做出延长的决定;

(5)失去保密价值的单位工作秘密;

(6)已无必要继续保密的行政秘密事项。

2.科学技术秘密解除工作程序

(1)承办人提出解密意见,填写《科学技术秘密解除审批表》;

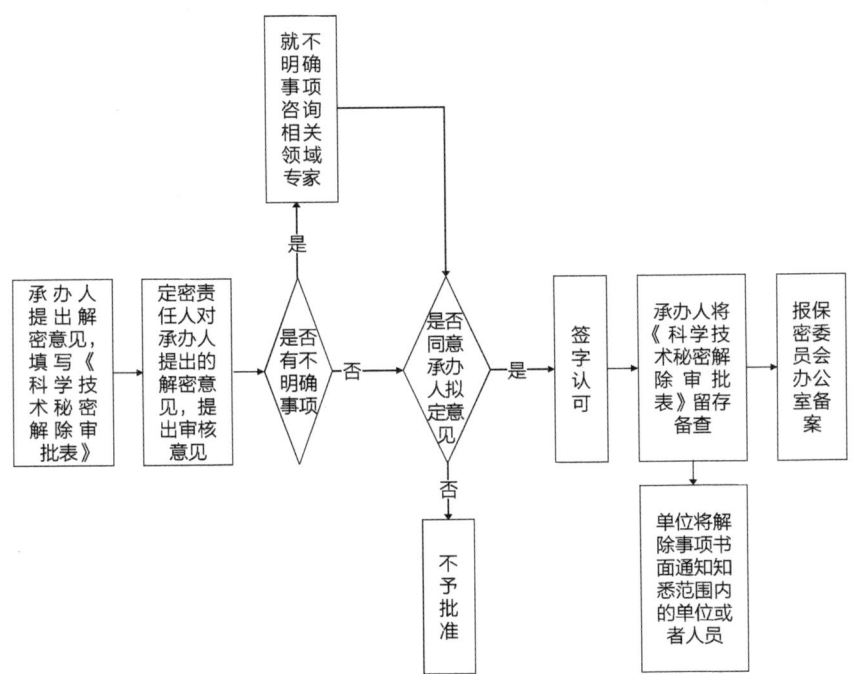

图3-4 科学技术秘密解除工作程序

（2）定密责任人对承办人提出的解密意见，提出审核意见，若定密责任人有不确定事项，可就不明确事项组织相关领域定密专家咨询委员会成员召开研讨会，就密级解除事项咨询相关领域专家，同意承办人拟定意见的，签字认可，对解除意见不准确的不予批准；

（3）承办人将《科学技术秘密解除审批表》留存备查，同时报保密委员会办公室备案；

（4）单位将解除事项书面通知知悉范围内的机关、单位或者人员。

第二十六条 定密监督是定密工作的重要组成部分，依法开展定密监督是定密工作法制化、规范化的重要保证。

（一）发现单位科学技术秘密的确定、变更和解除不当的，应当及时纠正。

单位保密委员会、保密工作部门特别是定密责任人要承担起定密监督职责，对单位定密工作进行监督检查，发现定密不当等问题应及时加以纠正。

科学技术秘密知悉范围内的人员发现单位存在定密不当的，应当向定密责任人提出；发现其他机关、单位定密不当的，应当通过本单位提出定密异议。

应按照同级保密行政管理部门要求，定期报告单位国家秘密事项统计情况。

（二）定密不当主要有以下5种情形：

1.定密权限不当，即单位没有定密权限进行定密，或者单位有定密权限但在定密时超出定密权限范围；

2.定密依据不当，即单位在进行定密时没有按照保密事项范围进行定密，如保密事项范围明确规定应当定密而没有定密，或者与保密事项范围规定的密级、保密期限明显不符；

3.定密程序不当，即未按照保密法律法规规定的程序进行定密，如定密未经定密责任人审核批准，密级、保密期限、知悉范围变更后未及时书面通知；

4.定密内容不当，即在确定密级时未同时确定保密期限和知悉范围；

5.定密标志不当，即科学技术秘密标志不完整、不规范。

（三）定密责任人和承办人违反本规定，有下列行为之一的，单位应当及时纠正并进行批评教育；造成严重后果的，依纪依法给予处分：

1.应当确定为国家秘密而未确定的；

2.不应当确定为国家秘密而确定的；

3.超出定密权限定密的；

4.未按照法定程序定密的；

5.未按规定标注国家秘密标志的；

6.未按规定变更国家秘密的密级、保密期限、知悉范围的；

7.未按要求开展解密审核的；

8.不应当解除国家秘密而解除的；

9.应当解除国家秘密而未解除的；

10.违反本规定的其他行为。

附:

科学技术秘密确定审批表

日期：　　年　月　日

部门（科研单元）名称				承办人	
事项名称					
拟定情况	密级	□绝密　□机密　□秘密　□内部　□公开			
	保密期限			知悉范围	
定密依据					
保密要点					
部门（科研单元）负责人审批意见	负责人签字： 　　　　　　　　　　　年　月　日				
定密责任人意见	同意该事项确定为 □绝密　□机密　□秘密　□内部　□公开级事项，严格按照国家和单位有关保密要求办理。 定密责任人（签名）： 　　　　　　　　　　　年　月　日				
注：本表由承办人填写，一式两份，审批程序完成后部门归档备查（如过程中有专家咨询意见应形成专家意见表作为审批表附件），同时报保密委员会办公室备案，不得在网上填写、传递。					

科学技术秘密变更审批表

日期： 年 月 日

部门（科研单元）名称					
			承办人		
事项名称					
变更情况	变更项	密级		保密期限	知悉范围
	变更前				
	变更后				
变更依据					
保密要点					
部门（科研单元）负责人审批意见	负责人签字： 年 月 日				
定密责任人意见	同意该事项变更为□绝密 □机密 □秘密 □内部□公开级事项，严格按照国家和单位有关保密要求办理。 定密责任人（签名）： 年 月 日				

注：本表由承办人填写，一式两份，审批程序完成后部门归档备查（如过程中有专家咨询意见应形成专家意见表作为审批表附件），同时报保密委员会办公室备案，不得在网上填写、传递。

科学技术秘密解除审批表

部门(科研单元)名称			承办人	
事项名称				
原定密情况	保密期限	密级	知悉范围	
解密依据				
部门(科研单元)负责人审批意见	意见: 负责人签字:　　　　　年　月　日			
定密责任人意见	同意解除该事项密级,确定该事项为公开级事项,严格按照国家和单位有关保密要求办理。 定密责任人(签名):　　　　　年　月　日			

注:本表由承办人填写,一式两份,审批程序完成后部门归档备查(如过程中有专家咨询意见,应形成专家意见表作为审批表附件),同时报保密委员会办公室备案,不得在网上填写、传递。

第四章

涉密科技人员管理

第二十七条 涉密科技人员是指在涉密岗位工作的科技人员，包括承担或者参与（含临时参与人员）科学技术秘密项目研究，以及负责项目、成果管理工作的人员。

涉密岗位是指在科研、生产、管理过程中，涉及产生、管理、使用科学技术秘密事项的工作岗位。

第二十八条 涉密科技人员任职条件

任用、聘用涉密科技人员应当按照有关规定进行审查。涉密科技人员应具备以下基本条件：

（一）具有中华人民共和国国籍；

（二）政治可靠，遵纪守法；

（三）作风正派，品行端正；

（四）忠诚可信，责任心强；

（五）具有涉密岗位要求的业务素质和能力；

（六）无其他可能影响国家安全利益的倾向。

第二十九条 涉密科技人员界定等级

根据工作岗位涉密程度，涉密科技人员分核心、重要、一般三个类别。

1.核心涉密科技人员：知悉或掌握绝密级事项的科技人员；承担绝密级项目的项目责任人；知悉绝密级项目相关内容和技术数据的相关科研人员。

2.重要涉密科技人员：知悉或掌握机密级事项的科技、管理人员,相关单位领导;承担机密级项目的部门负责人、项目责任人;为绝密级项目配套任务的主要人员;掌握大量秘密信息人员;掌握本单位关键技术和信息及关键商业秘密的主要人员。

3.一般涉密科技人员:知悉或掌握秘密级事项的科技、管理人员;承担秘密级项目的部门负责人、项目责任人;参与机密级项目的一般人员;了解本单位技术和信息及商业秘密的一般人员。

涉密科技人员因从事岗位的变动、担任职务或承担任务以及涉密范围发生变化时,应及时进行密级核查,当原密级不适合现岗位时,应重新界定密级。重新界定时,需填写《涉密人员涉密等级变更审批表》。

第三十条 涉密科技人员保密要求

涉密科技人员应当按照涉密人员的保密要求进行管理,自觉履行保密义务。

(一)严格执行国家科学技术保密法律法规和规章以及单位科学技术保密制度;

(二)接受科学技术保密教育培训和监督检查;

(三)产生涉密科学技术事项时,先行采取保密措施,按规定提请定密,并及时向单位科学技术保密管理部门报告;

(四)参与对外科学技术交流合作与涉外商务活动前,向单位科学技术保密管理部门报告;

(五)发表论文、申请专利、参加学术交流等公开行为前,按规定履行保密审查手续;

（六）发现国家科学技术秘密正在泄露或者可能泄露时，立即采取补救措施，并向单位科学技术保密管理部门报告；

（七）离岗离职时，与单位签订保密协议，接受脱密期保密管理，严格保守国家科学技术秘密。

第三十一条 涉密科技人员上岗管理

（一）涉密科技人员上岗审查

1.涉密岗位的确定由涉密部门（科研单元）提出涉密等级建议，涉密可能性由人事部门负责对政治背景审查后，经保密委员会办公室审核，报单位保密委员会批准。

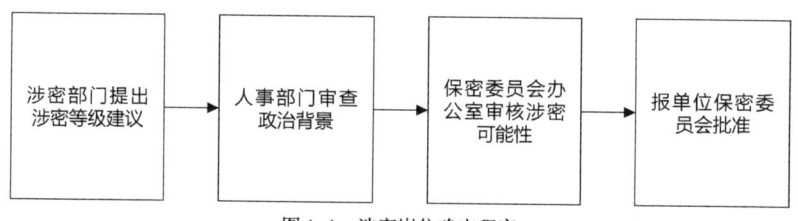

图4-1 涉密岗位确定程序

2.涉密科技人员审查坚持全面审查、先审后用、定期复审原则。

3.有下列情形的，不得通过保密审查：

（1）不具有中华人民共和国国籍或者获得国（境）外永久居留权、长期居留许可；

（2）有影响国家安全和利益的行为或倾向；

（3）受过刑事处罚、被开除公职或者曾因严重违反保密规定被调离涉密岗位；

（4）有吸毒、赌博等违法犯罪行为，以及酗酒等不良行为；

（5）其他不适合在涉密岗位工作的情形。

4.审查程序：

（1）拟涉密科技人员填写《涉密人员审查表》；

（2）拟涉密科技人员所在部门（科研单元）根据其现实和工作表现提出拟涉密岗位、等级；

（3）按照人事管理权限，人事部门审查拟涉密科技人员的个人和家庭基本情况、国籍、政治立场、个人品行、学习经历、工作经历、现实表现、主要社会关系以及与国（境）外机构、组织、人员交往等情况；针对双聘科技人员的涉密上岗审查应由单位人事部门会同人事关系所在单位人事部门对档案进行联合审查，同时对其政治背景进行调查；

（4）保密委员会办公室根据部门（科研单元）意见和人事部门审查结果提出该拟涉密科技人员是否具备相应涉密岗位、等级的资格；

（5）报单位保密委员会审批；

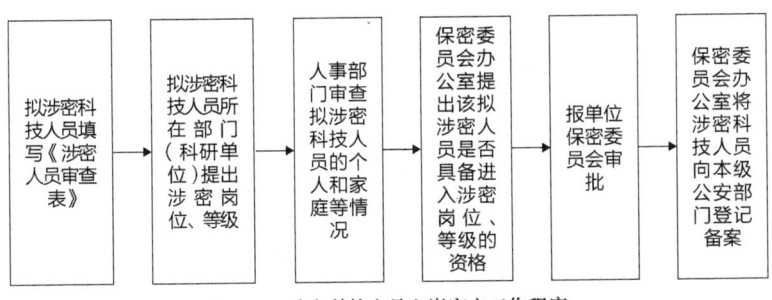

图4-2　涉密科技人员上岗审查工作程序

（6）经保密委员会审批通过后，保密委员会办公室将涉密科技人员信息向本级公安部门登记备案（当登记备案人员的涉密等级、职务等情况发生变化时，应及时向本级公安部门变更登记备案的内容；对不再属于登记备案范围人员的，应及时撤销并向本级公安部门报备），双聘人员成为涉密科技人员后也应向其人事关系所在单位进行备案。

对于在人事关系所在单位是涉密人员的双聘人员受聘为国家级实验室一般涉密人员，原则上不进行二次审查，但须出具原单位涉密人员情况证明。如果双聘人员在原单位为一般涉密人员，申请成为实验室重要涉密人员或核心涉密人员的，应当到原单位了解档案材料相关情况，并按照有关保密要求进行政治审查、全面考察。

对任用不当或在工作中发现不适合继续从事现涉密岗位工作的人员，应及时进行调整。

（二）涉密科技人员上岗培训

涉密科技人员必须坚持先培训、后上岗的原则。单位根据涉密岗位的工作性质、涉密范围特点，结合实际工作需要，对拟聘用涉密科技人员进行有针对性的岗前保密教育培训。

上岗保密培训内容主要包括中央保密工作方针政策、保密工作形式任务、保密知识技能、岗位职责要求等。具体培训内容由保密委员会办公室结合岗位及工作实际拟定，由人力资源部组织实施。

专业性较强的涉密科技人员需经过特殊培训，有关部门（科研单元）在必要时提供相应的培训资源和条件。

（三）涉密科技人员上岗保密承诺

涉密科技人员上岗前，单位应与其签订《保密承诺书》，明确相关保密管理要求及违规违约责任。双聘人员在签订《保密承诺书（双聘）》时，应由单位、涉密科技人员人事关系所在单位和涉密科技人员三方共同签订，由国家级实验室和人事关系所在单位双方共同对双聘涉密人员行为进行约束。

保密承诺书的主要内容包括：了解并遵守各项保密制度，知悉并履行保密义务，自愿接受保密审查，承担保密责任，保守科学技术秘密等。单位还可以结合拟涉密科技人员工作内容和单位实际，根据拟涉密科技人员的涉密事项和涉密程度，补充相关内容或组织签订专项保密承诺书。

《保密承诺书》一式四份，拟涉密科技人员所在部门（科研单元）、保密委员会办公室、人事关系所在单位人事部门（针对双聘人员）和承诺人各一份。单位要加强保密承诺书的管理，建立专门档案，长期保密。

第三十二条 涉密科技人员在岗管理

在岗管理指单位按照保密法律法规和有关管理规定要求，对在岗涉密科技人员开展日常化、经常化保密管理，主要包括保密补贴管理、教育培训、重大事项报告、出国（境）管理和履行保密职责考核管理等。

（一）保密补贴管理及规定

1.凡与单位签订《保密承诺书》并履行保密责任和义务的在职在岗涉密科技人员，均应发放保密补贴；

2.保密委员会办公室依据科技人员的涉密等级确定保密补贴额度;

3.保密补贴实行动态管理,保密委员会办公室要根据岗位的变动对领取保密补贴的人员及其涉密等级进行核查调整;

4.新上岗人员和工作岗位变动的人员,确定涉密等级后第二个月按确定的密级发放保密补贴;

5.涉密科技人员调出、辞职、退休(含病退)等办完手续后,保密补贴随之停发,自动离职人员从离职之月起停发;

6.保密补贴实行考核发放,出现泄密事件扣发责任人和责任领导当月的保密补贴,直至事故处理完毕;

7.保密补贴按季发放,当季发放上季的保密补贴;

8.保密补贴的管理及考核由保密委员会办公室负责。

(二)涉密科技人员在岗教育培训

对涉密科技人员开展经常性的保密教育,使涉密人员切实增强保密意识、养成保密习惯、提高保密技能,更加自觉地做好保密工作。

保密教育培训工作主要包括保密委员会办公室、人事部门统一组织的培训和各部门(科研单元)自行组织的培训,按规定涉密科技人员每人每年度不少于15学时,其中统一组织不少于5学时,各部门(科研单元)不少于10学时。

1.保密教育培训主要内容

(1)中央保密工作的方针、政策,国家保密工作的法律、法规,上级有关保密工作的指示、要求、规定等;

（2）单位制定并发布实施的保密工作管理标准、制度、规定、办法；

（3）保密技术防范知识；

（4）典型的保密案件、案例分析，窃密与反窃密知识；

（5）保密战线形势的分析与对策。

2. 保密教育培训形式

（1）集中学习，举办各种学习班；

（2）参加上级保密部门、地方保密机构举办的学习班；

（3）印发《保密工作管理手册》《保密工作管理文件》及支持的相关制度；

（4）通过单位局域网、宣传橱窗、黑板报等媒体进行保密宣传和教育；

（5）参观学习、研讨、现场教育。

3. 教育培训职责

（1）保密委员会办公室

①提出年度保密教育、培训需求和计划安排，并报保密委员会审定，根据审定结果会同人事部门按计划组织实施；

②拟订保密工作宣传和专项教育、培训计划，并会同有关部门（科研单元）实施；

③汇集、发放保密宣传资料，支持、协助部门（科研单元）的日常保密教育；

④负责对保密教育、培训情况做出记录，填写《保密教育、培训记录表》；

⑤对涉密科技人员的教育，纳入日常管理工作。

（2）人事部门

①负责根据保密委员会办公室及各部门提出的保密教育、培训需求或计划，进行分析、集中，将确定后的项目列入《单位员工教育、培训项目实施计划》；

②对列入实施计划的保密教育、培训项目，负责落实师资和学员的组织、管理工作和同教育、培训有关的外单位、部门的协调工作，保证计划的实施；

③组织对保密教育、培训效果的检查和考核；

④组织安排保密管理人员和涉密人员的外出培训和学习；

⑤组织对转岗人员的保密教育、培训；

⑥对涉密人员出国（境），应在办理相关手续时进行保密提醒；

⑦负责对因私出国（境）人员进行遵守国家保密法律、法规的保密教育；

⑧负责对辞职、离职（含退休）人员在脱密后仍应承担的保密责任和义务进行教育。

（3）其他部门（科研单元）培训

①制订部门（科研单元）涉密科技人员培训计划，根据部门（科研单元）的实际涉密情况和人员变动情况，每年进行保密教育，填写《保密教育、培训记录表》；

②采取各种形式对部门（科研单元）涉密科技人员进行日常保密宣传、教育；

③对在科研、生产、管理过程中需接触、处理和携带国家秘密

事项的部门（科研单元）涉密科技人员进行保密提醒；

④对携带涉密载体出差的涉密科技人员，在办理相关手续时进行保密提醒。

（三）重大事项报告

涉密科技人员的重大事项报告制度分为单位报告和个人事项报告两种。

单位重大事项报告，是指单位发现涉密科技人员有某些特定的行为，应当及时制止，有可疑情况的，应当及时报告上级主管部门、国家安全机关，同时报告保密行政管理部门；发现一些重大情况的，或可能危害国家秘密安全的异常情况的，应立即报告上级主管部门、公安机关和国家安全机关，同时报告保密行政管理部门。单位发现涉密科技人员有上述情形导致科学技术秘密已经泄露或者可能泄露的，还应当采取补救措施，并进行相应报告。

涉密科技人员重大事项报告，是指涉密科技人员发生泄密或者造成重大泄密隐患，或者个人重大事项发生变更，危害或者可能危害科学技术秘密安全，应当及时向单位报告。具体包括：

1.发生泄密或者造成重大泄密隐患的；

2.发现针对本人渗透、策反行为的；

3.接受境外机构、组织及非亲属人员资助的；

4.与境外人员结婚的；

5.配偶、子女获得境外永久居留权、长期居留许可或者取得外国国籍的；

6.其他可能影响国家秘密安全的个人情况。

（四）在岗考评

保密委员会办公室和人事部门要每年从政治思想、业务水平、科技成果、工作表现、遵守安全保密规定等方面对在岗涉密科技人员的涉密资格和涉密等级进行一次全面考评，并作为个人年终绩效考核的重要依据，发现不合格者应予以批评教育、处罚或调离岗位。

双聘涉密科技人员在国家级实验室的考核工作与其人事关系所在单位的年终绩效考核结合进行；对于双聘涉密科技人员在国家级实验室工作中违反保密法律法规，原单位也要给予相应处罚并计入个人档案；若因工作问题导致泄密事件发生的，应由其原单位给予行政处分，情节严重涉嫌违法的依法追责。

（五）涉密科技人员出国（境）管理

涉密科技人员因公、因私出国（境）应履行审批手续，必要时征求公安机关、国家安全机关的意见。未经单位及主管部门同意，涉密科技人员不得私自办理出国（境）手续。对未按规定办理手续而擅自出国（境）的人员，单位除报告党政主要负责人外，应同时报告上级机关和国家公安、安全机关。

涉密人员因公出国（境）经批准后，由外事部门统一办理出国（境）手续，并在出行前牵头组织对出国（境）人员进行相关的保密教育。

对公派出国（境）进行进修、讲学、业务洽谈等人员，由部门（科研单元）负责对其进行保密提醒；携带密件或密品出境必须办理许可证，并不得泄露国家秘密。

涉密科技人员在岗期间原则上不能因私出国（境），因特殊情况需要出国（境）时，须由本人申请，填写《涉密人员因私出国（境）审批表》，经部门（科研单元）、人事部门、人事关系所在单位

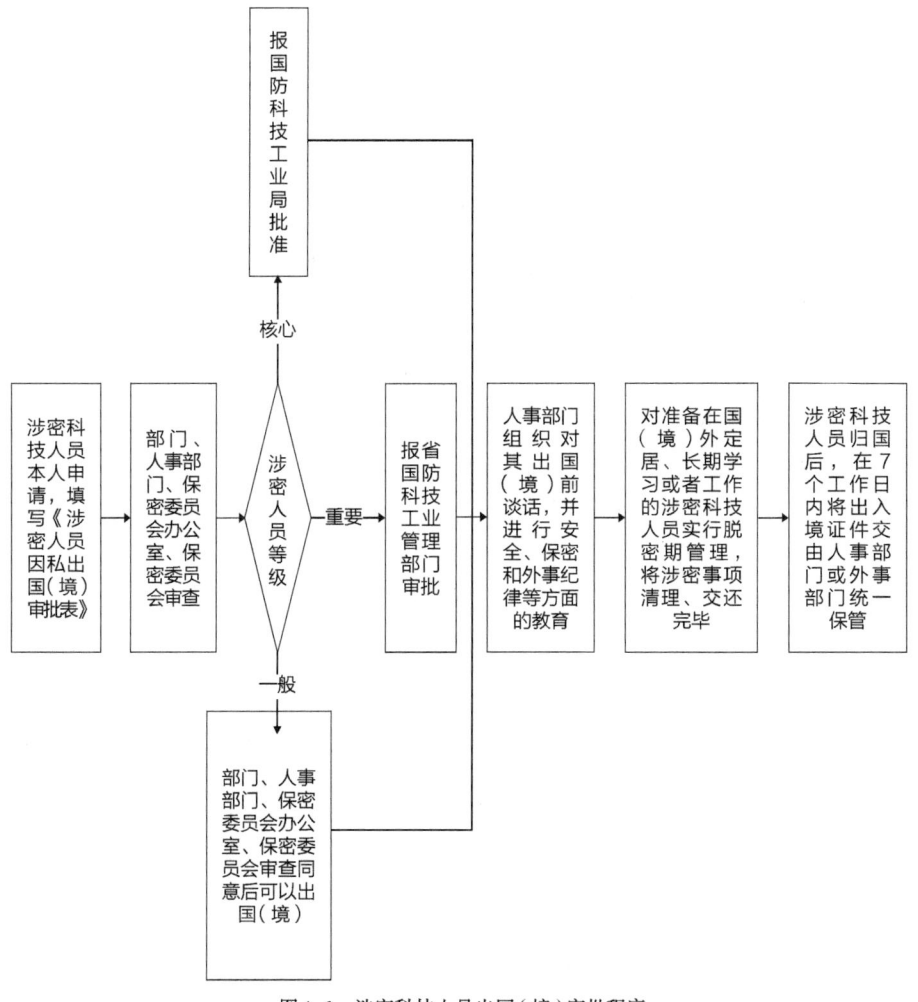

图4-3　涉密科技人员出国（境）审批程序

人事部门（双聘涉密科技人员需要）、保密委员会办公室、保密委员会审查同意后可以出国（境），核心和重要涉密科技人员还要按照下述规定履行审批手续：

1.核心级涉密人员报国防科技工业局审批；

2.重要级涉密人员报省国防科技工业管理部门审批；

批准因私出国（境）后，由人事部门组织对其进行出国（境）前谈话，并进行安全、保密和外事纪律等方面的教育。核心涉密科技人员原则上不予批准因私出国（境）。

准备在国（境）外定居、长期学习或工作的涉密科技人员，经审批后，对在岗的人员应按规定实行脱密期管理，期间应将涉密事项清理、交还完毕。

涉密科技人员归国后，应在7个工作日内将出入境证件交由人事部门或外事工作部门统一保管，向单位提交书面报告。

第三十三条 涉密科技人员离岗离职管理

涉密科技人员离岗是指离开涉密岗位，但仍在本单位工作的情况；离职是指因工作调动、干部交流、辞职、辞退、解聘、调离、离退休等离开涉密岗位，同时离开本单位的情况。涉密科技人员离岗离职保密管理包括涉密载体清退、离岗离职保密承诺、脱密期管理等。

（一）离岗、离职程序和要求

离岗、离职涉密科技人员，应向所在部门（科研单元）提出书面申请，填写《涉密人员离岗、离职审批表》，经部门（科研单元）

第四章 涉密科技人员管理

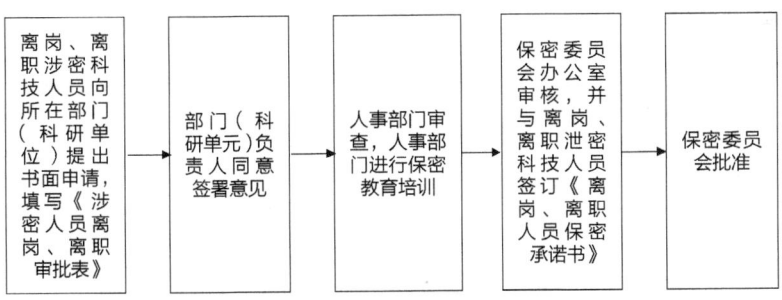

图4-4 涉密科技人员离岗离职程序

负责人同意签署意见后，报人事部门审查，并由人事部门进行保密教育培训，然后由保密委员会办公室进行审核，并与其签订《离岗、离职人员保密承诺书》，最后上报保密委员会批准。

对承担列入国家重点项目任务的单位副职以上的涉密科技人员，在任务完成前，或可能造成泄露国家重大科技计划项目或者所涉及的技术秘密会危及国家安全和利益的人员的调离、辞职要求，原则上不予批准。

（二）涉密载体清退

涉密科技人员离岗、离职时，单位要严格核查、督促涉密科技人员清退所持有和使用的国家秘密载体和涉密信息设备，收回涉密信息系统访问权限和涉密场所出入权限，并将载体清退情况登记造册。

涉密科技人员在清退所持有的国家秘密载体和涉密信息设备（如涉密文件、技术资料、软盘、U盘、光盘和涉密信息设备）时，应做好清理清点并登记造册，同时由部门（科研单元）兼职保密员协助共同复核待清退的涉密载体，最后由部门（科研单元）负责人确认。

人事部门和保密委员会办公室在涉密科技人员离岗、离职时要严格核查,查看涉密载体清退、移交登记和销毁记录。

(三)离岗离职保密承诺

涉密科技人员离岗离职时,单位与其签订《离岗、离职保密承诺书》,明确涉密科技人员离岗离职后应当履行的保密义务和违反承诺应承担的法律责任,主要包括以下内容:

1.遵守保密法律法规,履行保密义务;

2.不私自持有国家秘密载体;

3.脱密期内不擅自出国;

4.遵守择业限制;

5.不擅自发表涉及原单位未公开内容的文章、著述;

6.自觉接受定密回访等。

(四)脱密期管理

1.脱密期管理定义

涉密人员离岗、离职后应当实行脱密期管理,即离岗、离职一定时期内,为确保其严格履行保密义务,在再就业、出国(境)及其他方面依法设定的限制性措施。根据保密法规定,脱密期内的涉密人员应当按照规定履行保密义务,不得违反规定就业,不得以任何方式泄露国家秘密。

脱密期限按涉密科技人员界定的密级对应确定,具体规定如下:

(1)核心涉密人员为3年;

（2）重要涉密人员为2年；

（3）一般涉密人员为1年。

脱密期限原则按照以上执行，具体由保密委员会办公室依据有关保密期限的规定和实际情况来确定，并与涉密科技人员在签订的脱离涉密岗位保密承诺书中约定。脱密期从涉密人员被批准脱离涉密岗位之日起计算。

未经批准，擅自离岗、离职后给国家或单位造成重大损失或泄露有关技术秘密的，可以依据有关法律规定，要求当事人承担责任；故意或者过失泄露国家科学技术秘密，情节严重，并致使国家利益遭受重大损失的，依法追究当事人的刑事责任。

2.脱密期管理部门

（1）涉密科技人员调离涉密岗位，调整到单位非涉密岗位工作或在本单位离退休的，脱密期管理由本单位负责；

（2）涉密科技人员离开单位，调入其他单位的，脱密期由调入单位负责；

（3）涉密科技人员辞职或被解聘的，应先调离涉密岗位，在单位履行脱密期管理后再办理辞职或解聘手续；

（4）双聘涉密科技人员脱离涉密岗位后仍在国家级实验室工作，则脱密期应由实验室进行管理；若与实验室聘期结束，回到原单位工作，则由原单位进行脱密期管理；

（5）其他情况的脱密期管理，由保密行政管理部门或者公安机关负责。

3.脱密期保密管理要求

（1）择业从业限制。涉密科技人员在脱密期内，不得到境外（驻华）机构、组织及外商独资企业工作，不得为境外（驻华）机构、组织、人员及外商独资企业提供劳务、咨询或者其他服务。

（2）出国（境）管理。涉密科技人员在脱密期内，原则上不能因私出国（境），因特殊情况需要出国（境）时，须经过批准（可参照在岗审批程序）。

（3）重大事项报告。涉密科技人员在脱密期内，发生符合重大事项报告规定事项的，应当向负责脱密期管理的单位报告。

第三十四条 挂职、返聘、借调涉密科技人员管理

（一）在涉密岗位挂职、返聘、借调人员参照在职在岗涉密人员管理。

（二）挂职、返聘、借调结束后，向单位全部移交挂职、返聘、借调期间留存的涉密载体，按照要求进行离岗教育，并签订《离岗、离职人员保密承诺书》。不再从事涉密岗位的，按挂职、返聘、借调期间涉密人员等级实行脱密期管理。

附:

涉密人员审查表

所在部门（科研单元）_____ 　填表日期_____年____月____日　编号_____

姓名		曾用名			本人照片
性别		民族		籍贯	
出生日期		政治面貌			
文化程度		联系电话			
身份证号码					
家庭住址					
现实住址					
职务/职称			参加工作时间		
个人简历 （从初中填起，时间不能断档）					
家庭主要成员及社会关系（包括海外关系）					
姓名	与本人关系	国籍	工作单位（涉外或驻外必须标明）		职务
需向组织说明的问题（本人及社会关系有无重大政治历史问题，受到过何种处罚）					

051

现从事工作或工种岗位	
部门（科研单元）意见	现实表现： 拟定涉密人员理由和等级（从事涉密项目的需注明）： 部门（科研单元）负责人签字 　　　　　　　　　　　　　　　　年　月　日
组织或人事部门意见	能否从事涉密工作： 可以从事涉密工作 不能从事涉密工作 （盖章） 　　　　　　　　　　　　　　　　年　月　日
保密委员会办公室审查意见	审定涉密等级： （盖章） 　　　　　　　　　　　　　　　　年　月　日
保密委员会审批意见	 （盖章） 　　　　　　　　　　　　　　　　年　月　日
备注	

填表要求
1. 填表一律用蓝、黑墨水笔填写，不得用圆珠笔填写；字迹要工整，清晰。
2. 应如实填写；表中项目如没有，请填"无"。
3. 编号由保密办统一填写。
4. 应双面打印填写。

保密承诺书

我了解保密有关法规制度，知悉应当承担的保密义务和法律责任。本人郑重承诺：

一、严格遵守保密法律、法规和规章制度，履行保密义务。

二、不提供虚假个人信息，自愿接受保密审查。

三、不违规记录、存储、复制国家秘密信息，不违规留存国家秘密载体。

四、不在家庭计算机上存储或处理涉密信息。

五、不以任何方式泄露工作中所接触或知悉的秘密事项。

六、未经单位审查批准，不擅自发表涉及未公开工作内容的文章、著述。

七、离岗、离职时，自愿接受脱密期管理，签订保密承诺书。

八、违反上述承诺，自愿接受经济处罚、行政处分或承担法律责任。

本承诺书经双方签字盖章后正式生效。

保密委员会：（盖章）　　　　　　签订人（签名）：

　　　　　　　　　　　　　　　　涉密等级：□核心 □重要 □一般

　　年　月　日　　　　　　　　　　年　月　日

　　　　　　　　　　　　　　　身份证号码：

人事关系所在组织或人事部门（盖章）（针对双聘人员）：

　　年　月　日

保密教育、培训记录表

时间		地点	
主办部门（科研单元）		主讲人	
教育、培训主题和内容摘要			
参加教育培训人员名单（人员较多时可另附签名表）			

涉密人员离岗、离职审批表

姓名		性别		职称及职务	
身份证号码				入职时间	
涉密工作情况	重要涉密工作时间		年 月 日~ 年 月 日		
	一般涉密工作时间		年 月 日~ 年 月 日		
	商业秘密工作时间		年 月 日~ 年 月 日		
要求离岗、离职原因					
离岗、离职去向					
部门（科研单元）领导审核意见		签名：　　　　年　月　日			
人事部门审核意见		签名：　　　　年　月　日			
保密委员会办公室审核意见		签名：　　　　年　月　日			
分管领导审批意见		签名：　　　　年　月　日			

离岗、离职人员保密承诺书

本人了解有关保密法规制度，知悉应当承担的保密义务和法律责任。本人庄重承诺：

一、认真遵守国家保密法律、法规和规章制度，履行保密义务。

二、不以任何方式泄露在工作中接触和知悉的国家秘密、工作秘密和商业秘密。

三、已全部清退不应由个人持有的各类国家秘密载体。

四、未经单位审查批准，不擅自发表涉及单位未公开工作内容的文章、著述。

五、本人承认在工作期间，接触、研制国家军工科研项目时所产生的任何秘密事项，属国家和单位所有。本人不在涉密事项的保密期内复制、使用国家秘密事项和技术。

六、本人已清楚知道因个人的故意或不当行为将导致或可能会触犯《中华人民共和国刑法》中的窃取、刺探、非法提供、非法持有、泄露国家秘密所列之罪行。

七、自愿接受脱密期管理，自　年　月　日至　年　月　日服从有关部门的保密监管。

八、如违反上述承诺，国家有关部门和单位有权追究本人责任。

九、上述保密承诺书本人已经仔细阅读,对其中的所有内容没有疑义,愿意按承诺书中规定的内容承担保密责任,自愿签订本承诺书。

承诺人签名:

身份证号码:

年　月　日

第五章

涉密科学技术项目管理

第三十五条 涉密科学技术项目（以下简称"涉密科技项目"）是以科学研究和技术开发为内容而单独立项，泄露会使国家安全和利益遭受损害的项目。

科技项目基本可以分为三类：

（一）纵向科技项目，是指上级科技主管部门或机构批准立项的各类计划（规划）、基金项目等；

（二）横向科技项目指企事业单位、兄弟单位委托的各类科技开发、科技服务、科学研究等方面的项目，以及政府部门非常规申报渠道下达的项目；

（三）自主立项项目是单位自主开展的项目。

涉密科技项目在指南发布、项目申报、专家评审、立项批复、项目实施、结题验收、成果评价、转化应用及科学技术奖励各环节应严格执行科学技术保密规定，加强涉密科学技术项目保密管理。

第三十六条 涉密科技项目保密责任

（一）项目负责人是保密管理第一责任人，具体落实项目保密工作与项目任务"同步进行，贯穿始终"，直接负责项目的论证、申报、立项、实施、验收、结题、归档、成果的使用与管理等全过程的保密工作。

（二）部门(科研单元)负责人对本部门（科研单元）项目保密工作负领导责任，具体负责组织、协调、监督、检查和落实本部门（科研单元）项目的保密工作。

（三）单位科技管理部门是项目的业务主管部门，负责监督、检查项目组在项目管理中对保密管理规定的贯彻落实。

（四）保密委员会负责指导、监督、检查项目组在项目执行全过程中的保密管理工作，由保密委员会办公室具体实施。

第三十七条 涉密科技项目保密管理要求

（一）涉密科技项目下达单位与承担单位、承担单位与项目负责人、项目负责人与参研人员之间应当签订《涉密科技项目专项保密责任书》；

（二）涉密科技项目的文件、资料及其他载体应当指定专人负责管理并建立台账；

（三）涉密科技项目进行对外科学技术交流与合作、宣传展示、发表论文、申请专利等，承担部门（科研单元）应当进行保密审查；

（四）涉密科技项目原则上不得聘用境外人员，确需聘用境外人员的，承担部门（科研单元）应当按规定报批；

（五）涉密科技成果在境内转让或者推广应用，应当报原定密机关、单位批准，并与受让方签订保密协议；

（六）涉密科技成果向境外出口，利用涉密科技成果在境外开办企业，在境内与外资、外企合作，应当按照规定报有关主管部门批准。

第三十八条 项目论证与申报阶段

（一）项目初始定密管理

1.对于纵向项目，在论证与申报阶段，应按照上级机关、单位确定的密级,明确项目密级,确定知悉范围,对申报(投标)团队人员提出明确的保密要求。

2.对于横向项目,由项目组与合作单位进行前期洽谈及合同(协议)签订,依据国家秘密事项范围拟定密级;对于不能依据国家秘密事项范围确定密级的,组织相关领域专家进行论证评估,拟定密级;若仍不能确定密级的,报业务主管部门进行定密。合同签订时,应在合同中明确涉密情况,并在合同中对项目组成员提出保密要求。

3.对于单位自主立项课题,由单位依据国家秘密事项范围拟定密级;对于不能依据国家秘密事项范围确定密级的,组织单位相关领域定密专家咨询委员会成员进行研讨和分析,评估科技项目对国家政治、经济、军事、科技以及对外关系的影响程度,判断项目泄露后是否会削弱国家经济、科技实力,最终依据相关保密法律法规确定密级和保密期限,拟定项目密级;若仍不能确定密级的,报业务主管部门进行定密。密级明确后,对项目申报单位提出相应的保密要求。

(二)项目过程文件管理

项目组在编写涉密项目申报书及相关材料的过程中,均须先期采取保密措施,对于涉密的文件、资料和其他物品的制作、收发、传递、使用、复制、摘抄、保存和销毁,应按照有关保密规定履行审批和登记手续。项目组有关人员和部门(科研单元)有关人员对于知悉的涉密文件、资料和其他物品承担保密义务,不得擅自扩大知悉范围。

未获准立项的纵向、横向涉密科技申报项目以及未成功立项的自主立项项目，须妥善处理相关过程材料，按规定进行清退和统一销毁。

第三十九条 项目立项与实施阶段

（一）项目代号管理

涉密项目立项完成后，项目组应用代码或文字有效替代项目的实际名称或型号。涉密项目在单位进行的汇报、日常工作交流、科研生产、工作通信联络、对外协作和宣传报道等工作中均应使用项目代号。

（二）涉密项目保密方案制定

涉密科技项目应制定保密方案，应将涉密科技项目全过程的各个环节的保密管理任务、工作要求和相关人员的责任明确。方案的实施要保证既能确保国家秘密安全，又便于涉密科技项目实施。

（三）涉密项目人员管理

对参与涉密科技项目研究，特别是对承担核心技术研究和掌握关键技术的科技人员，必须严格按照涉密人员的条件、审查标准和管理要求，进行严格的涉密资格审查。

1.涉密项目负责人、项目组成员按照其所接触的涉密事项及研究任务的密级确定涉密等级，办理涉密人员审批手续，审批通过后，方可从事项目的研究和管理工作。非涉密岗位的项目组成员，参照涉密人员进行管理。项目组成员的涉密等级应根据情况变化，及时进行调整。

2.涉密项目应避免在读研究生接触、参与，确有需要的，须按其涉密程度，将其确定为涉密人员。项目负责人应采取技术手段使研究生承担的研究任务不涉及或尽量少涉及科技秘密。

3.涉密项目不得聘用境外人员，确需聘用的，须经项目主管部门批准。

涉密科技项目实施必须落实保密工作责任制，对承担涉密科技项目的各级人员，包括项目负责人、部门（科研单元）负责人、项目组成员及其他相关人员，都要签订保密承诺书，约定必须遵守的条款和违约后的责任。

项目组应加强经常性保密教育，将保密教育纳入日常管理工作，并对项目实施过程中的重要涉密活动、外场试验、人员出国（境）等环节进行专项保密教育。项目结题后，不再承担或参与项目的项目涉密科技人员应进行脱密期管理。

（四）项目保密管理手册

保密管理手册是项目组成员的保密行为操作指南。按照项目研究进度和各个节点的保密要求，列举出应当严格遵循的行为，分发给所有项目组成员，便于项目组成员按照保密规范开展研究工作，落实保密责任。

（五）项目保密工作记录

涉密项目负责人应指定专人负责使用《涉密项目保密工作记录本》，及时真实记录项目组成立后保密工作的开展情况，如项目组成员保密教育提醒、保密工作部署和要求、项目保密自查、涉密文件资料复印、外场试验、重大涉密活动等内容，作为项目落实保密工作的重要依据和证明。

项目结束时，保密工作记录本移交单位科研管理部门备案归档。

（六）项目外场试验管理（转场）

外场试验组织部门应制定项目外场试验保密方案，成立项目保密管理小组，指定专人负责试验现场的保密管理，做好试验现场密品和涉密载体管理。在外场试验工作期间，对参加试验的人员应定期进行保密教育提醒和监督检查等工作。

（七）项目密品和载体管理

项目开展过程中，项目负责人应了解和知悉涉密项目密品的形成时间。密品形成后，应明确密品责任人，建立密品动态管理台账，做好密品全过程管控。项目组应确保涉密载体使用，涉密文档密级确定，各种涉密介质的制作、传递、使用、复制、保存和销毁等涉密行为符合保密规定。

（八）项目保密检查

由项目组协同保密委员会办公室组成保密检查小组，对涉密科技项目的整个过程实施全覆盖的保密监督检查，对立项阶段制定的保密预案和各项保密制度、保密防护措施落实情况进行不间断的监督检查。

（九）项目风险评估

项目组应当根据日常管理和保密检查情况，对项目存在的保密风险进行分析和评估。对涉密科研人员履行保密职责情况、涉密信息设备使用情况和涉密场所管控情况进行定期检查，辨识保密风险点，制定改进措施，防范泄密事件发生。

第四十条 项目验收与结题阶段

（一）项目评审管理

涉密科技项目在取得阶段性研究成果或最终研究成果时，应组织专家评审会对成果进行论证和评估。项目评审组织部门应按要求选择评审人员。对参加评审的人员应签订保密承诺书，明确保密要求和进行保密提醒。

召开的专家评审会应按照涉密会议组织，参会人员应将手机放入手机存放柜，会场应配备手机信号屏蔽仪并禁止使用无线设备。评审使用的涉密资料，应指定专人负责管理，评审材料在评审结束后，要悉数清点回收，需要销毁的按规定统一销毁。上级机关、单位需要相关涉密评审资料的，应按外发流程进行审批，并通过机要传递。

（二）资料归档管理

涉密科技项目结题时，项目负责人应填写《项目保密总结报告》，报单位科技管理部门和保密委员会办公室审批。相关文件资料应按档案管理部门规定对进行归档，形成完整的项目文件资料并提供给档案管理部门。档案管理部门按照有关保密规定对归档资料进行审查，经审查符合有关要求后归档，档案管理部门出具《归档资料审核记录表》。项目组成员应对涉密项目产生的电子文件资料、涉密载体进行清理删除。

第四十一条 成果使用与管理阶段

（一）申报奖项

涉密项目申报奖励过程中，项目组应确保涉密载体的使用，文档的制作、传递、复制、保存和销毁等涉密行为符合有关保密规定。单位科技管理部门对项目组提交的鉴定材料和科技奖励材料进行形式审查并审批，合格后进行上报。

（二）申请专利

项目成果需申请专利的，须经项目主管部门同意，若涉及国防应用的内容，须向国防专利局申请国防专利。绝密级的国防科技成果，不得申请专利。

（三）论文发表

涉密科技项目一般不得对外发表论文，确需对外发表论文的，须按照规定履行审批程序，并通过保密审查。

（四）推广和转换

涉密科技项目成果不得擅自进行技术转让。确需进行国内技术转让的，须经项目主管部门同意，须在列入相应涉密等级的《保密资格名录》的单位中招标或签订合同，并须在转让合同中明确技术的密级、保密期限、保密要点及受让方承担的保密义务等，并与受让方签订保密协议，监督中标单位实施；成果转为民用的，须经降密或解密处理，并报项目主管部门审核批准，方可实施。

（五）对外科技交流合作

项目进行对外科技交流合作，举办与项目相关的会议、展览、展示，进行科技新闻宣传，按照《对外科技交流保密管理》执行。

第四十二条 涉密科技项目保密专项经费管理

科技保密专项经费应当专款专用,实报实销,主要用于项目科技保密管理、保密技术装备购置、科技保密宣传教育培训工作的开展、涉密人员保密津贴发放及先进集体和个人的表彰奖励等。

第四十三条 涉密科技项目奖惩

(一)涉密科技项目的保密监督检查结果与承担部门(科研单元)和项目负责人的年度考核挂钩,作为保密奖惩的依据。

(二)项目涉密人员违反本规定的,按国家及单位相关规定给予相应的处罚;涉嫌犯罪的,移送司法机关追究刑事责任。

附:

项目保密总结报告

项目保密管理简述	项目负责人签字: 　　　　　　　年　　月　　日
业务管理部门意见	签名: 　　　　　　　年　　月　　日
保密委员会办公室结论	负责人签名(盖章): 　　　　　　　年　　月　　日

第六章

协作配套保密管理

第四十四条 协作配套即由单位发起或承担的涉密科研项目分包给外单位参与合作的行为。

分包涉密任务是指分包的研制项目或者研制产品涉及国家秘密。项目和产品仅背景、用途、数量涉密的,不属于此范围。

第四十五条 协作配套保密管理要求

(一)单位发起或承担涉密科技项目,在协作配套过程中坚持责任主体对保密工作全面负责的原则。对于重大涉密科技项目,应当成立保密工作小组,加强对保密工作指导,定期组织召开保密会议。

(二)在确定协作配套单位前必须经过保密审查,应从《保密资格名录》中选择具有相应保密资质的单位。

(三)要与涉及协作配套涉密业务的外单位有关人员签订保密承诺书,对其进行安全保密培训,严格限制涉密范围和活动区域。

(四)凡在协作配套过程中产生的涉密载体应按有关涉密载体管理规定执行。

(五)完成任务的涉密人员要全部移交个人留存的涉密载体,并签订保密承诺书。

(六)单位的涉密信息系统集成、国家秘密载体印制、涉密业务咨询服务等业务,应当从取得相关涉密资质的单位中选择。

第四十六条 协作配套审批监管程序

(一)科技项目进行协作配套,应填写《协作配套审批表》中

第六章 协作配套保密管理

的相关信息和申请协作配套及确定密级的依据，由项目负责人签字；

（二）将填写好的《协作配套审批表》《协作配套任务保密协议书》提交至业务管理部门，同时提交承担协作配套任务单位的保密资格证书（复印件）等材料，由业务管理部门负责审核；

（三）业务管理部门审核后，由业务分管领导签署意见；

（四）最后由保密委员会审批，经批准后方可组织实施；

（五）在项目协作配套合同执行过程中，单位保密管理部门定期以现场或函调的方式进行监管，填写《协作配套单位保密监督检查表》。

许可目录之外的应急或短期生产的秘密级项目，选择不具有保密资质单位承担协作配套任务的，应按有关保密规定和程序对该单

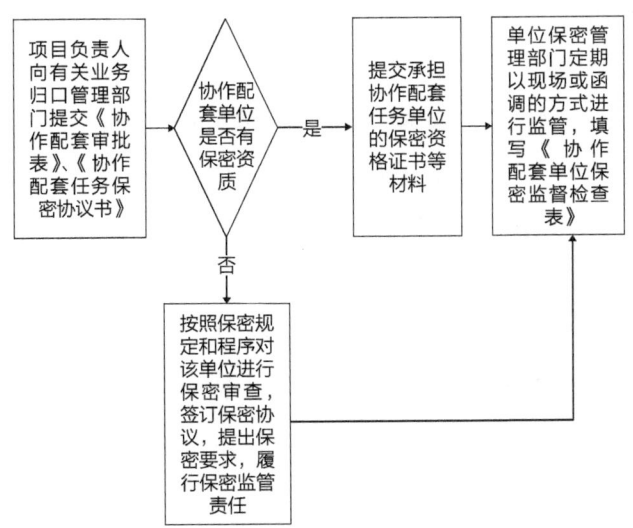

图6-1 涉密科研项目协作配套审批监管程序

位进行保密审查,签订保密协议,提出保密要求,履行保密监管责任。

第四十七条 协作配套保密管理

(一)协作配套合同管理

1.合同洽谈应严格控制知悉范围;

2.合同中,严禁涉及背景、用途、指标等涉密内容,不得提供协作配套任务研制必需的技术要求以外的涉密信息;

3.合同必须明确密级、保密期限、保密范围、保密责任;

4.签订合同的同时须签订保密协议。

(二)协作配套单位管理

1.承担秘密级协作配套任务的单位须具备三级(含)以上保密资格;承担机密级协作配套任务的单位须具备二级(含)以上保密资格;

2.选择协作配套单位时,应考核该单位的保密管理情况,保密工作不符合要求的,不能作为协作配套单位;

3.承担协作配套任务的单位,应履行合同保密条款和保密协议;

4.协作配套单位若发生分立、合并、破产、解散等重大事项,影响协作配套科研任务完成的,应当及时向提出任务单位通报,协作配套单位和提出任务单位应当及时采取相应措施,确保科技项目进度不受影响;

5.协作配套科研项目执行过程中,出现下列情况,需要对项目内容或者合同内容进行调整的，应及时向协作配套单位提出项目暂停通知，并报保密委员会办公室审查，经保密委员会审批后调整：

（1）科研项目总体要求发生变化的；

（2）科研项目主要负责人发生重大变更的；

（3）其他不可抗拒的因素致使科研项目无法按计划进行的。

（三）协作配套材料、产品管理

1.单位与协作配套单位间涉及材料、产品运输的，由协作配套单位运输并落实相关保密管理措施；

2.严格履行交接手续，做好运输、保管等过程中的保密管理；

3.项目负责人应督促协作配套单位做好材料、产品的保管工作。

（四）人员管理

1.项目参与人员不得私自向协作配套单位进行技术指导，不得擅自向对方披露保密事项；

2.在协作配套活动中获取的技术核心和其他相关资料应及时归档，不得据为己有或转借、复制、转送给他人；

3.与协作配套相关的单位其他人员，按单位涉密人员进行管理。

（五）信息管理

1.协作配套单位应当及时向分包单位通报项目实施情况；分包单位应当及时向协作配套单位通报试验使用情况。双方应建立良好、有效、畅通的沟通渠道，确保信息沟通有效。

2.分包单位不得向协作配套单位介绍整个项目的技术性能、指标、数量、进度和研制生产总经费等相关涉及保密的事项。

3.协作配套单位不得向无关单位和个人介绍、泄露所承担的协作配套涉密科研、生产任务以及相关情况。

附: ## 协作配套审批表

项目名称			
项目负责人		所在单位	
项目来源		项目密级及保密期限	
项目起始时间		项目终止时间	
协作配套任务名称			
协作配套任务负责人		所在单位	
协作配套任务起始时间		协作配套任务终止时间	
协作配套任务密级		协作配套任务保密期限	
申请协作配套及确定密级的依据： 项目负责人签字： 年　月　日			
业务管理部门意见	项目负责人签字： 年　月　日		
业务分管领导意见	项目负责人签字： 年　月　日		
保密委员会意见	项目负责人签字： 年　月　日		

注：此表一式四份，项目负责人、所在部门（科研单元）、业务管理部门和保密委员会办公室各一份。

协作配套任务保密协议书

甲方（涉密项目分包方）：
乙方（涉密项目承包方）：

项目名称：
项目密级：

为保守国家秘密和甲方的商业秘密，维护国家安全的利益，经甲、乙双方协商，达成协议如下：

一、甲方保证承担的保密责任

1. 甲方向乙方分包的研制项目或研制的产品属国家秘密的，由甲方用书面形式明确密级。

2. 甲方向乙方提供研制项目的文件、图纸、资料等秘密信息载体或产品样机，由甲方负责确定。

3. 甲方向乙方分包的研制项目或研制的产品，除研制必需的技术要求外的涉密信息，一律不予提供，包括项目和产品的背景、用途等。

4. 甲方主管分包研制项目或研制产品的部门（单位），负责对乙方承包的项目或产品、研制、生产、试验过程和现场的保密管理下实施保密监督并作好检查记录，必要时由甲方的保密工作机构不定期对乙方在履行保密责任的情况进行监督检查。

5. 甲方与乙方在研制项目或研制产品协作过程中，不在无保密措施的通信设备中进行涉密信息往来。

6.甲方在分包研制项目或研制产品协作过程中,向乙方提供的文件、图纸、资料等秘密信息载体,在协作配套任务结束后,由甲方负责收回。

二、乙方保证承担的保密责任

1.乙方向甲方提供的保密资格单位证书真实有效。

2.乙方严格遵守国家有关保密法规和甲方有关保密规定,落实承包项目或产品的保密管理措施,严格控制接触和知悉范围。

3.乙方在研制生产甲方分包的项目或产品过程中产生的文件、资料、图纸等涉密介质、磁介质、光介质载体和涉密产品,及时负责确定密级和保密期限。

4.乙方向甲方保证不在无保密措施情况下传递承包项目或产品涉密信息、谈论项目或产品涉密情况。

5.乙方自愿接受甲方对乙方承包项目或产品保密管理情况的监督检查,认真落实整改措施。

6.乙方向甲方承包的涉密研制项目或研制产品协作配套任务结束时,应及时按要求归还甲方提供的涉密载体和涉密产品样机。

三、本协议未尽事宜按照国家有关保密法规执行。

四、本协议自签字之日起生效。协议书一式三份,甲方、乙方协作配套部门(单位)、甲方保密工作机构各执一份。

甲方(盖章):　　　　　　　　乙方(盖章):

　　年　月　日　　　　　　　　　年　月　日

协作配套单位保密监督检查表

单位名称					
所有制性质			法人代表		
上级主管单位					
通信地址					
邮政编码		电话		传真	
保密工作机构名称			负责人电话、传真		
监督检查方式					
任务名称					
调查内容						
保密性质	本单位属于：□一级　□二级　□三级　□其他 有效期：自　　年　　月　　日至　　年　　月　　日
保密组织机构	保密组织机构是否健全　　　　　　　　　　　　　　　□是　□否 保密工作是否权限清晰，责任是否明确且落实到人　　□是　□否
保密制度	保密制度（保密教育、涉密人员、定密及密级调整、涉密载体、要害部门部位、涉密通信、计算机信息系统、宣传报道、涉密会议、协作配套、涉外活动、保密监督检查、泄密查处、奖惩）是否健全　　　　　　　　　　　　　　　　　　　　　　　　　□是　□否 是否有保密奖惩及泄露国家秘密事件报告和查处制度　□是　□否 保密审查、审批流程是否明确　　　　　　　　　　　□是　□否
涉密人员	对涉密人员是否根据涉密程度进行密级界定　　　　　□是　□否 是否对涉密岗位的人员进行严格审查　　　　　　　□是　□否 是否对涉密人员进行定期教育和培训　　　　　　　□是　□否 是否对涉密人员签订保密协议书　　　　　　　　　□是　□否
涉密载体	载体标密是否及时、规范　　　　　　　　　　　　　□是　□否 载体定密、密级变更依据、责任、程序是否明确　　□是　□否 涉密载体管理是否符合要求　　　　　　　　　　　□是　□否 是否根据需要对国家秘密载体接触和知悉范围有控制措施　□是　□否

保密要害 部门、部位	是否准确确定要害部门、部位 □是 □否 要害部门、部位制度是否完善并得到严格执行 □是 □否 要害部门、部位是否采取有效安防保密措施 □是 □否
涉密计算机 信息系统	涉密计算机、信息系统是否与互联网物理隔离 □是 □否 涉密信息系统管理人员职责是否明确 □是 □否 涉密电子信息是否具有密级标识、输入输出是否得到有效控制 □是 □否 传真机、一体机、打印机等办公自动化设备是否得到有效控制 □是 □否
涉密活动	重大涉密活动是否有保密要求 □是 □否
失泄密事件	一年来是否发生过失泄密事件 □是 □否
监督检查总体 情况或需要说 明的情况	协作配套单位项目负责人签名（盖章）： 年　月　日
协作配套 单位承诺	1.本单位承诺以上监督检查情况填报真实。 2.本单位承诺不断提高保密工作防范水平，纠正检查中发现的问题，确保国家秘密安全。 3.其他： 协作配套单位保密工作机构负责人签名（盖章）： 年　月　日
监督检查 审核意见	项目负责人所在单位意见（盖章）： 年　月　日 保密委员会意见（盖章）： 年　月　日

注：1.本表是对承担涉密科研项目协作配套任务单位履行保密监督检查工作的重要凭据。
　　2.本表一式两份，分别由分包单位及协作配套单位保存，保存期限同协作配套任务的保密期限。

第七章

涉密载体管理

第四十八条 涉密载体是指以文字、数据、符号、图形、图像或者声音等方式记载国家秘密信息的纸介质、光介质、电磁介质等各类物品。

根据介质的不同可以将涉密载体分为纸介质涉密载体、光介质涉密载体和电磁介质涉密载体三类。

（一）纸介质涉密载体，是指传统的纸质涉密文件、资料、书刊、图纸等；

（二）光介质涉密载体，是指利用激光原理写入和读取涉密信息的存储介质，包括CD、VCD、DVD等各类光盘；

（三）电磁介质涉密载体包括电子介质和磁介质两种类型。

此外，密品是属于国家秘密的设备、产品的统称，是指直接含有国家秘密信息，或者通过观察、测试、分析等手段能够获取所承载的国家秘密信息的设备和产品。

第四十九条 涉密载体的管理

（一）涉密载体管理

涉密载体管理是单位最基本的保密工作。涉密载体管理主要指在密件制作、复制、收发、传递、使用、保存、维修、销毁等全部环节中，在密品研制、试验、生产、运输、使用、保存、销毁等全过程中，依照保密法律法规的规定，所进行的旨在保障其安全保密的全部活动。

涉密载体管理遵循严格管理、严密防范、确保安全、方便工作的原则。

（二）涉密载体的制作、复制

1.制作秘密载体，应当依照有关规定标明密级和保密期限，注明发放范围、制作数量及编号；制作秘密载体的场所应当符合保密要求；制作秘密载体过程中形成的不需归档的材料，应当及时销毁。

（1）纸介质涉密载体制作

纸介质涉密载体制作管理，包括原始材料收集、整理，文稿草拟、录入、修改、定稿、印制等工作环节。

①原始材料管理。为制作涉密载体收集的原始材料涉及国家秘密的，应进行登记造册，并按保密要求妥善保管，不得随意处理。

②拟制环节管理。拟制涉密文件、资料应当同时拟定密级和保密期限，在涉密计算机和符合保密要求的场所进行。拟制绝密级涉密载体，应当指定专人在专用设备进行，严格控制接触和知悉范围。拟制过程中形成的中间稿，如草稿、讨论稿、修改稿、送审稿、征求意见稿，都要按照保密要求进行保管或销毁。

③定密管理。涉密文件、资料一旦定稿，应当同时履行定密程序，准确确定其密级、保密期限和知悉范围，并做出国家秘密标志。

④印制环节管理。印制涉密文件、资料，应当标明密级和保密期限，注明发放范围及制作数量，并编排顺序号。制作场所要符合保密要求，单位内部不具备印制条件和能力的，应委托取得涉密载体印制资质的单位进行，并严格履行交接、登记手续。印制过程中产生的清样、底片、印版、残次品、半成品等，应按涉密载体保

管理规定保存或销毁，不得作为废品出售。

（2）光介质、电磁介质涉密载体制作

光介质、电磁介质涉密载体制作管理要求包括：

①采购光介质、电磁介质产品须按涉密采购规定办理，由单位统一采购、登记、标识和配备。

②录入、存储涉密信息时，应当在单位内部或保密行政管理部门批准的单位进行。制作场所应符合保密要求，使用电子设备的应采取电磁泄露发射防护措施。

③光介质、电磁介质应按存储信息的最高密级管理，并在适当位置做出国家秘密标志。

2.复制涉密载体，应当按照下列规定办理：

（1）复制绝密级涉密载体，应当经密级确定机关、单位或其上级机关批准；复制制发机关、单位允许复制的机密、秘密级涉密载体，应当经单位主管领导批准。

（2）复制涉密载体，不得改变其密级、保密期限和知悉范围。

（3）复制涉密载体，应当履行登记手续，填写《涉密载体复制和制作审批表》，复制件加盖单位的复印戳记，并视同原件管理，保密期限同原件中最长保密期限。

制作、复制涉密载体，应当在单位内自行制作，无法自行制作的，应当送保密行政管理部门批准的定点单位制作。制作、复制过程中形成的中间材料，包括文件、资料的草稿、废稿、废页等，应当妥善保管；不需要保存的应及时销毁。

第七章 涉密载体管理

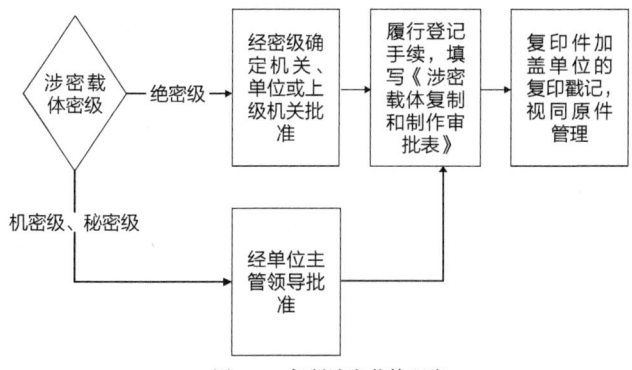

图7-1 复制涉密载体程序

（三）涉密载体的收发与传递

1.绝密级载体的收发、传递

（1）收发绝密级涉密载体，应当履行清点、编号、登记、签收等手续，并填写《涉密载体（设备）借阅、收发、传递登记表》。

（2）传递绝密级载体，应当按有关规定包装密封；涉密载体的信封或者袋牌上应当标明密级、编号和收发单位名称。

（3）使用信封封装绝密级秘密载体时，应当使用由防透视材料制作的、周边缝有韧线的信封，信封的封口及中缝处应当加盖密封章或加贴密封条；使用袋子封装时，袋子的接缝处应当使用双线缝纫，袋口应当用双道进行密封。

（4）绝密级载体由机要交通或机要通信传递，在本地传递绝密级载体，由发件或收件单位派人直接传递。传递绝密级载体，实行专车二人护送制。

（5）禁止携带绝密级载体参加涉外活动或出境。

2.机密级、秘密级载体的收发、传递

（1）收发机密级、秘密级载体，应当履行清点、编号、登记、签收手续，并填写《涉密载体（设备）借阅、收发、传递登记表》。

（2）传递机密级、秘密级载体，应当包装密封；载体的信封或者袋牌上应当标明密级、编号和收发单位名称。

（3）传递涉密载体，应当通过机要交通、机要通信或者指派专人进行，不得通过普通邮政或非邮政渠道传递；在市内传递机密级、秘密级载体，可以通过机要文件交换站进行。

（4）禁止邮寄属于国家秘密的文件、资料和其他物品出境，禁止非法携运属于国家秘密的文件、资料和其他物品出境。确因工作需要携带出境的，应当交由外交信使或者国家保密行政管理部门核准的单位和人员携运。目的地不通外交信使或外交信使难以携运，只能由自己携带的机密级、秘密级密件，可经单位主管领导批准后，向有审批权限的保密行政管理部门或保密工作机构申请办理《国家秘密载体出境许可证》。

（5）采用现代通信及计算机网络等手段传输国家秘密信息，应当遵守有关保密规定。

（四）涉密载体的使用

1.单位收到涉密载体后，接收部门应当填写《外部涉密信息存储介质接收记录表》后，由主管领导根据秘密载体的密级和制发机关、单位的要求及工作的实际需要，确定其知悉该国家秘密人员的范围。任何部门（科研单元）和个人不得擅自扩大国家秘密的知悉范围。

单位收到绝密级秘密载体后，必须按照规定的范围组织阅读和使用，并对接触和知悉绝密级秘密载体内容的人员做出文字记录。

2.阅读和使用秘密载体，应当面交接。借阅秘密载体，应当填写《涉密载体借阅审批表》，外单位需要借阅、调用、复制秘密载体，应由接待部门填写《外部借阅、调用、复制涉密载体审批表》，管理人员要随时掌握秘密载体的去向，并填写《涉密载体（设备）借阅、收发、传递登记表》。

秘密载体应当在符合保密要求的办公场所阅读和使用，确需在办公场所以外阅读和使用秘密载体的，应当遵守有关保密规定。阅读和使用绝密级秘密载体必须在指定的符合保密要求的办公场所进行。

3.因工作确需携带秘密载体外出，应当按下列要求办理并填写《携带涉密载体外出审批表》：

（1）应当经部门（科研单元）负责人签批、保密工作部门检查，并采取安全可靠的保护措施后方可带出，使涉密载体始终处于携带人的有效控制之下；

（2）携带绝密级秘密载体应当经单位主管领导批准，并有二人以上同行；

（3）参加涉外活动不得携带涉密载体；因工作确需携带的，应当经单位主管领导批准，并采取严格的安全保密措施；禁止携带绝密级秘密载体参加涉外活动。

4.汇编秘密文件、资料，应当经原制发机关、单位批准，未经批准不得汇编。经批准汇编秘密文件、资料时不得改变原件的密级、保密期限和知悉范围；确需改变的，应当经原制发机关、单位同意。严禁将秘密文件、资料汇编按一般资料发放。

汇编秘密文件、资料形成的秘密载体,应当按其中的最高密级和最长保密期限标记和管理。

5.摘录、引用国家秘密内容形成的涉密载体,应当按原件的密级、保密期限和知悉范围管理。

6.涉密载体使用要求:

(1)涉密载体的使用遵循"谁使用、谁负责"的原则;

(2)非专人使用的涉密存储载体在使用过程中应履行审批登记手续;

(3)涉密存储载体和非涉密存储载体须严格区分使用;

(4)涉密存储载体严禁在接入国际互联网或其他公共信息网的设备上使用;

(5)严禁在具有无线互联功能的设备上使用;

(6)严禁在非涉密信息系统上使用;

(7)严禁较高密级存储载体在较低密级涉密计算机上使用;

(8)严禁非涉密存储载体在涉密计算机上使用;

(9)严格控制较低密级存储载体在较高密级计算机上使用;

(10)非涉密存储载体严禁存储涉密信息;

(11)较低密级涉密存储载体严禁存储较高密级涉密信息;

(12)传达国家秘密时,凡不准记录、录音、录像的,传达者应当事先申明。

（五）涉密载体的保存

1.存放场所

涉密载体应当保存在安全保密的场所或部门（科研单元）的密码保险柜中，并配备必要的保密设备。工作人员离开办公场所，涉密载体应当入柜上锁，并确保门窗闭锁。严禁将涉密载体存放在玻璃书柜或木质书柜中。绝密级载体应当在安全可靠的保密设备中保存，并指定专人管理。

2.清查、核对

各部门（科研单元）应当定期对本部门（科研单元）涉密载体进行清查、核对并形成文字记录，发现问题应当及时采取相应措施，并向单位保密工作部门报告，必要时可直接向当地公安机关、保密行政管理部门报告。

3.涉密载体境外保存

在境外确需携带涉密文件、资料或者涉密计算机及存储介质等涉密信息设备的，应当指定专人随身携带保管，不得带到与公务无关的场所。必要时，可以存放在我国驻外使（领）馆或者驻外机构符合安全保密要求的场所。

4.涉密载体移交

因人员调整、工作调动等原因导致涉密载体使用、管理人员变化的，应当及时办理清点、移交手续并填写《涉密载体（设备）移交清单》。

被撤销或合并的涉密部门（科研单元），应当将秘密载体移交给承担其原职能的部门（科研单元）或单位保密委员会办公室，并履行登记、签收手续。

5.涉密载体归档

需要归档的秘密载体，应当按照国家有关档案法律规定归档。秘密载体解密后，除需要存档的外，应全部销毁。

（六）涉密载体的维修、销毁

1.涉密载体维修

涉密载体维修由单位相关专业技术人员负责；需要外单位人员现场维修时，由有关人员全程陪同；需要带离现场维修时应送保密行政管理部门审查批准的定点单位进行，并在送修前进行必要的处理（如拆除信息存储部件），填写《涉密载体设备外出维修审批表》。

涉密存储载体不得在接入国际互联网等公共信息网络或具有无线互联功能的设备上维修。

2.涉密载体的销毁

国家秘密载体除正在使用或者按照有关规定留存、存档外，应当及时予以销毁。涉密载体销毁应当统一管理，集中实施，严格标准，确保安全。

涉密载体销毁范围：

①单位日常工作中不再使用的涉密文件资料；

②淘汰、报废或者按照规定不得继续使用的处理过涉密信息的计算机、移动存储介质、复印机等通信和办公设备；

③涉密会议和涉密活动清退的文件资料；

④领导干部和涉密人员离岗（离退休、调离、辞职、辞退）时

清退的涉密文件、资料；

⑤已经解密但不宜公开的文件资料；

⑥国家秘密载体复制部门产生的废品；

⑦其他需要销毁的国家秘密载体。

（1）各部门（科研单元）对需要销毁的国家秘密载体，应当认真履行清点、登记手续，填写《秘密载体销毁审批表》，报部门（科研单元）领导审核、单位领导批准，并存放在符合安全保密要求的专门场所。

（2）单位应当将需要销毁的涉密载体送交专门的涉密载体销毁机构或者保密行政管理部门指定的承销单位销毁。单位送销涉密载体，应当分类封装、安全运送，并派专人现场监销。

（3）单位确因工作需要，自行销毁少量涉密载体时，应当严格履行清点、登记和审批手续，并使用符合国家保密标准的销毁设备和方法，确保涉密信息无法还原。

（4）涉密载体销毁的登记、审批记录应当长期保存备查。

禁止未经批准私自销毁涉密载体；禁止非法捐赠或者转送涉密

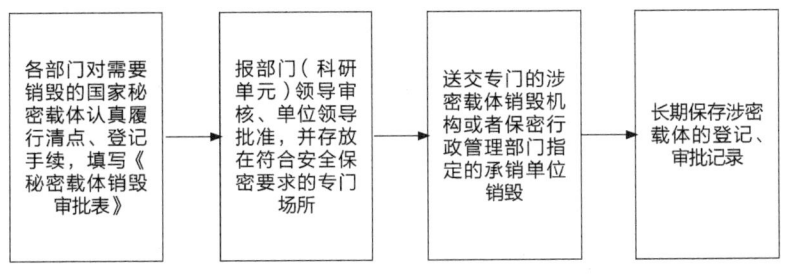

图7-2 涉密载体销毁程序

载体；禁止将涉密载体作为废品出售；禁止将涉密载体送非保密定点单位销毁。

第五十条 罚则

涉密科技人员或涉密载体的管理人员违反规定，情节轻微的，由单位保密工作机构给予批评教育；情节严重、造成重大泄密隐患的，保密工作机构应当给予通报批评，人事部门应当将其调离涉密岗位。

涉密部门（科研单元）违反规定造成泄密隐患的，由单位保密工作部门发出限期整改通知书；该部门（科研单元）应当在接到通知书后30日内提出整改方案和措施，消除泄密隐患，并向单位保密工作部门写出书面报告。

违反本规定泄露国家秘密的，按照有关规定给予责任人行政或党纪处分；情节严重构成犯罪的，依法追究刑事责任。

附：

涉密载体复制和制作审批表

部门 （科研单元）				申请人			
申请事项	□复印 □制作		载体 类型	□纸质 □光盘 □其他		制作份数	
涉密载体名称及文件编号	备注：请填写文件名称及编号，复印载体时请填写原文件编号。						
密级 保密期限	★			知悉范围			
申请理由及用途	备注：请说明申请复制、制作涉密载体的理由						
部门（科研单元）/项目负责人意见					签字： 年　月　日		
业务管理部门意见	备注：创新单元需要请各业务指导部门签字审批。						
					签字： 年　月　日		
保密委员会办公室意见					签字： 年　月　日		
涉密载体承制情况	制作地点			制作计算机或办公自动化设备编号			
	制作份数			制作件文件编号			
	承制人员签字	签字： 日期：		申请人签收		签字： 日期：	

本表一式两份，由申请部门（科研单元）和承制单位留存。

涉密载体（设备）借阅、收发、传递登记表

序号	事项类型	涉密载体名称、文号及编号	密级 保密期限	知悉范围	载体流向	接收人签字/日期	回收人签字/日期	备注
	□借阅 □收发、传递		★					
	□借阅 □收发、传递		★					
	□借阅 □收发、传递		★					
	□借阅 □收发、传递		★					
	□借阅 □收发、传递		★					
	□借阅 □收发、传递		★					
	□借阅 □收发、传递		★					
	□借阅 □收发、传递		★					

涉密载体登记表（台账）

责任部门（科研单元）：

序号	涉密载体名称及载体编号	载体类型	密级保密期限	来文单位及交接人	页数	份数	保管期限		责任人	备注
							接收时间	注销时间		
			★				年 月 日	年 月 日		
			★				年 月 日	年 月 日		
			★				年 月 日	年 月 日		
			★				年 月 日	年 月 日		
			★				年 月 日	年 月 日		

涉密载体借阅审批表

申请人		部门 （科研单元）			
发送时间	年 月 日	拟定归还时间		年 月 日	
载体名称、文号及编号		密级 保密期限	载体形式		页数份数
备注：文件过多时可另附表					
申请理由及用途					
借阅部门（单位）意见		业务指导部门意见		载体管理部门（单位）意见	
意见： 签字： 年 月 日		意见： 签字： 年 月 日		意见： 签字： 年 月 日	
借阅情况	借阅人： 年 月 日 时	归还情况		回收人： 年 月 日 时	
备注					

注：1. 本表由一式两份，分别由涉密载体管理部门（单位）和申请部门（单位）保管。
2. 请按保密要求保管涉密载体，未经批准不得擅自复制、摘录有关内容。

外部借阅、调用、复制涉密载体审批表

接待部门（科研单元）		接待人员		日期	
外单位名称及地址					
外单位申请人姓名		联系方式			
借阅、调用涉密载体名称					
密级保密期限		知悉范围		载体编号	
外部（借阅☐、调用☐）涉密载体原因： 外单位申请人签字：					
接待部门（科研单元）负责人意见	意见：请填写同意或不同意 签字： 　　　　　　　年　月　日				
业务管理部门意见	意见：请填写同意或不同意 签字： 　　　　　　　年　月　日				
分管领导审批意见	意见：请填写同意或不同意 签字： 　　　　　　　年　月　日				

备注：1. 本表由申请人填写；
　　　2. 本表不做绝密级载体借阅、调用、复制使用；
　　　3. 本表不做涉外审批使用。

携带涉密载体外出审批表

部门 （科研单元）		申请人		日期	
涉密载体名称及 文件编号					
密级 保密期限		载体类型		知悉范围	
携带外出事由					
保密防范措施					
因工作需要，本人于20 年 月 日至20 年 月 日携带涉密载体外出。本人承诺：外出工作期间，自觉遵守相关保密制度，履行保密国家秘密的义务和责任，采取相应的安全保密措施，确保国家秘密的安全。如因本人原因造成涉及国家安全秘密的内容泄漏，本人自愿承担一切法律责任。 承诺人： 年 月 日					
部门（科研单元）负责人意见	意见：请填写同意或不同意 签名： 年 月 日				
业务管理部门负责人意见	意见：请填写同意或不同意 签名： 年 月 日				
分管领导意见	意见：请填写同意或不同意 签名： 年 月 日				
返回后载体、设备检查情况	检查结果： 检查人签字： 年 月 日				

注：此表只限机密级及以下事项。

涉密载体(设备)移交清单

发往单位：　　　　　　　　　　　　　　　　　　NO.

序号	载体名称	载体形式	密级保密期限	数量

因何原因移交涉密载体			
发件单位	经办人		审批意见：
	所在部门（科研单元）		
	联系方式		签字(盖章)：
	日期	年 月 日 时	
收件单位	经办人		联系方式
	所在部门（科研单元）		日期　　　　年 月 日 时

说明：收到文件资料后，请仔细核对并签字或盖章；
　　　严禁私自查看、摘录、复印或拷贝涉密载体及其所包含的内容；
　　　严格履行登记、签收手续，做到件数清楚、传递准确、办理及时；
　　　涉密文件请妥善保管，如有遗失请立即报告保密办并采取措施降低泄密风险。

涉密载体设备外出维修审批表

部门（科研单元）		经办人	
维修载体设备名称及编号			
防范措施			
保密提醒	因工作需要，本人于20 年 月 日至20 年 月 日携带涉密载体外出维修。 本人承诺：外出维修期间，自觉遵守相关保密制度，履行保守国家秘密的义务和责任，采取相应的安全保密措施，确保国家秘密的安全。如因本人原因造成涉及国家安全秘密的内容泄漏，本人自愿承担一切法律责任。 承诺人：　　　　　年　月　日		
维修单位名称、地址及联系方式			
部门（科研单元）负责人审批意见	备注：请填写同意或不同意 签字：　　　　　年　月　日		
业务管理部门负责人意见	备注：请填写同意或不同意 签字：　　　　　年　月　日		
保密办意见	备注：请填写同意或不同意 签字：　　　　　年　月　日		
维修后载体、设备检查情况	检查结果： 检查人签字：　　　　　年　月　日		

涉密载体销毁审批表

部门（科研单元）：　　　　　　　　　　　　日期：　　年　月　日

序号	文号	标题	密级	类型	个数	份数	页数
合计							

经办人签字		保密办意见	
所在部门（科研单元）负责人意见	意见： 日期：	销毁人签字	签字： 日期：
		监销人签字	签字： 日期：

第八章

计算机及信息系统保密管理

第五十一条　涉密计算机及信息系统

（一）涉密计算机

计算机从保密管理角度分为涉密计算机和非涉密计算机。涉密计算机是指经过申报、登记，并经单位保密工作部门审批，用于处理涉及国家秘密信息的台式计算机、笔记本电脑。按照所存储、处理信息的最高密级，涉密计算机分为绝密级、机密级和秘密级三种。

（二）涉密信息系统

涉密信息系统，是指由计算机及其相关的和配套的设备、设施构成的，按照一定的应用目标和规则存储、处理、传输国家秘密信息的系统或者网络。

涉密信息系统应当由国家保密行政管理部门设立或者授权的保密测评机构进行系统测评或者风险评估，并经国家保密行政管理部门审查合格，取得相应许可证后，方可投入涉密运行。

涉密信息系统应当配备系统管理员、安全保密管理员和安全审计员（简称"三员"），分别负责涉密信息系统的安全运行、安全保密和安全审计工作。"三员"应当设置独立的权限，明确岗位职责，并能够实现相互监督、相互制约，相互之间不得兼任或者替代。具体职责为：

1.系统管理员主要负责系统的日常运行维护，包括网络设备、安全保密新产品、服务器和用户终端、操作系统、数据库、涉密业务应用系统的安装、配置、升级、维护、运行管理，网络和系统的用户增加或删除，网络和系统的数据备份、运行日志审查和运行情况监控、应急条件下的安全恢复等。

2.安全保密管理员主要负责系统日常安全保密管理，包括网络和系统用户权限的授予与撤销，用户操作行为的安全审计，安全保密设备管理，系统安全事件的审计、分析、处理，应急条件下的安全恢复等。

3.安全审计员主要负责对系统管理员、安全保密管理员的操作行为进行审计分析和监督检查，以及时发现违规行为。

第五十二条 设备与介质管理

（一）安全采购管理

1.涉密信息系统设备和介质采购应履行涉密采购程序，填写《购置涉密设备及涉密载体申报表》。

采购时应当选择国家发布的《涉密专用信息设备名录》中的产品，但因特殊原因需要采购名录外的产品，应当报单位保密委员会批准。

尽量不要选购具有无线联网功能的设备，确需选购的要在投入使用前拆除具有无线功能的外围设备。

2.涉密信息系统中使用的安全保密产品应选用经国家保密行政管理部门授权发布的安全保密产品。所有安全保密产品必须登记在《安全保密产品台账》上。

3.计算机病毒防护产品应获得公安机关批准，密码产品应获得国家密码管理部门批准。

严禁外资企业和有国（境）外背景的机构、组织及其人员参与涉密系统的建设与管理。涉密系统集成与系统服务、安全保密产品的采购，不得进行公开招标，应在具有资质的单位和经国家主管部门批准的范围内，采取邀标、竞争性谈判、单一来源采购和询价的方式进行。涉及到招标的采购项目，应对招标资料进行严格保密审查，并采取必要的保密措施，必要时招标项目可采用代号、最终用户采用化名等。

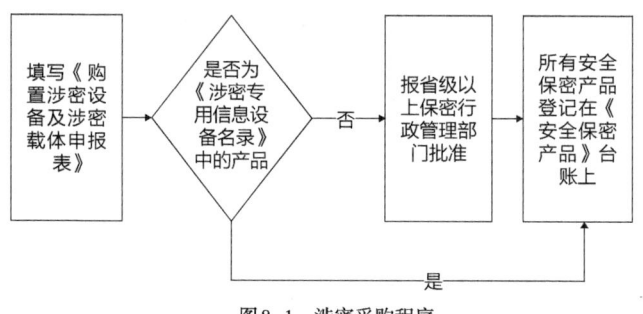

图8-1　涉密采购程序

（二）操作管理要求

1.涉密计算机和涉密移动存储介质，坚持"谁使用，谁负责"的原则，明确保密责任人。

2.涉密信息系统设备由系统管理员进行安装、维护和管理，任何用户不得擅自安装或拆卸、移动设备的位置，也不得私自修改设备配置信息，不得以任何理由改变连接规定。

3.计算机及输入输出设备未经允许不得随意连入涉密信息系统；计算机及输入输出设备加入，必须填写《涉密设备审批登记表》，由系统管理员对设备软硬件系统进行检查，并操作完成，登记《计算机台账》备案。

4.涉密计算机及输入输出设备不得随意改变安装位置和硬件配置、网络类型(含退网),如因工作需要必须更改,应填写《设备变更申请表》,经审查批准并重新标识后,由系统管理员操作完成,登记《计算机台账》。

5.对涉密计算机所有输入、输出、打印文件进行登记,并填写《打印信息登记表》和《计算机输入、输出信息登记表》。

(三)外出携带管理

1.因公出差或进行单位内调试,需要使用涉密便携式计算机或涉密移动存储介质时,由携带人填写《计算机及载体外携审批表》,并办理审批手续。

2.涉密便携式计算机上的涉密信息应存储在涉密移动存储介质上,并将涉密移动存储介质与涉密便携式计算机分开保管;如因工作需要在涉密便携式计算机上直接存储涉密信息的,应向单位保密工作部门申请,经审批后可在涉密便携式计算机上加密存储涉密信息。

3.对于需要携带外出的移动存储介质,应进行必要的信息消除处理,保证介质上只存有与本次外出相关的资料,采用的技术、设备和措施应符合相关保密规定和标准。

4.涉密便携式计算机或涉密移动存储介质外出使用时,不得在公共场合进行涉密信息处理。

5.出差借用涉密便携式计算机和涉密U盘时,涉密便携式计算机和涉密U盘须随身携带。

6.涉密便携式计算机或涉密移动存储介质在外出使用中发生损

坏，不能随便选点维修，应带回单位内后，依照计算机和存储介质维修相关规定进行维修。

7.涉密便携式计算机用毕后连同存储介质应及时归还，归还前使用人应删除移动存储载体内的涉密信息，保密工作部门应按保密规定进行检查，并做好检查记录。

(四)存储介质使用管理

1.涉密存储介质只能在涉密计算机上使用，非密存储介质在非密计算机上使用，禁止在涉密计算机和非密计算机间交叉使用。

2.单位涉密计算机只允许使用经过技术认证的U盘和USB硬盘，并通过技术措施限制其使用范围。经认证的U盘和USB硬盘不得改变用途。不再使用的认证U盘和USB硬盘交单位保密工作部门保存。

3.退库涉密信息存储介质经过敏感信息消除技术处理和重新标识后，可在单位等同或高于原密级的其他涉密计算机中使用。

4.非密存储介质根据实际需要，由非密存储介质责任人书面申请，部门(科研单元)负责人和保密工作部门审批同意，并经信息消除技术处理和重新标识后，可以作为涉密存储介质在涉密计算机上使用。

5.业务部门在接收、发送、传递涉密存储介质时，应按《国家秘密载体管理制度》执行，履行相关的手续，填写相关记录。

6.严禁将个人具有存储功能的介质和电子设备接入涉密信息系统内使用(如手机、MP3、私人移动存储介质)。

7.涉密移动存储介质应只做临时存储介质使用，由部门(科研单元)保密员集中管理。使用人员使用时应办理借用手续，填写

《涉密存储介质借用登记表》。使用完毕后，应及时进行信息消除处理。

8.禁止直接从互联网将数据拷贝到单位涉密计算机内。外部数据与本单位涉密计算机数据交换时，必须遵守"涉密计算机内外数据交换管理基本要求"。

（五）清查登记核对

1.单位保密工作部门建立计算机、移动存储介质和办公自动化设备总台账。部门（科研单元）保密员建立涉密设备分台账《涉密计算机台账》《非密计算机台账》《涉密存储介质登记台账》《非密存储介质登记台账》《涉密办公自动化设备登记台账》《非密办公自动化设备登记台账》，并及时更新。

2.部门（科研单元）保密员至少每三个月对涉密设备和存储介质的数量、用途等使用情况进行清查核对，填写《计算机和存储介质清查核对记录表》，并报备单位保密工作部门，保密工作部门定期更新总台账。

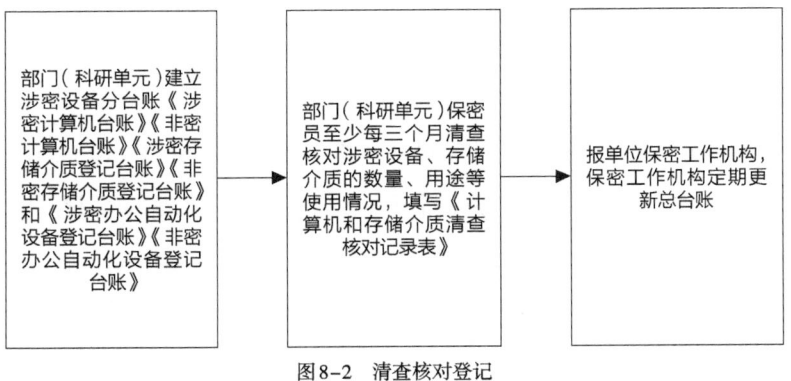

图8-2　清查核对登记

（六）维修和退库

1.计算机、打印机、安全保密设备、办公自动化设备、存储介质等设备在使用时发生故障，应先通知设备或介质部门（科研单元）兼职保密员，由兼职保密员排除故障，填写部门《用户终端故障情况记录表》。如果无法排除故障，再通知系统管理员，由系统管理员进行故障排除，填写《用户终端故障情况记录表》。如果故障依然无法排除时，由系统管理员告知设备责任人，由设备责任人通知设备维修（退库）归口管理部门进行设备维修（退库）。

2.需要维修的计算机、打印机、安全保密设备、办公自动化设备、存储介质应履行相应的维修流程，填写《设备维修（更换部件）申请表》。涉密设备和存储介质现场维修时需由有关人员全程陪同，需要带离现场维修时必须拆除所有可能存储过涉密信息的硬件和固件。

3.涉密数据外出恢复由经办人书面申请，经保密工作机构审批，由专人负责送取，到具有涉密信息数据恢复资质的单位进行数据恢复。严禁维修人员擅自读取和拷贝计算机、数字复印机等涉密电子设备中存储的涉密信息，并做好相关日志记录。

4.禁止对设备进行远程维护和远程监控。

5.不再或无法使用的涉密设备整机应按照国家保密工作部门的相关规定及时进行报废处理。报废的涉密设备应履行相应的报废审批流程，填写《设备退库(封存)申请表》。经办人在涉密设备整机退库前，先由系统管理员进行信息消除，然后经办人将涉密存储部件拆下，交单位保密工作部门保存，最后将涉密设备整机退库。

第八章 计算机及信息系统保密管理

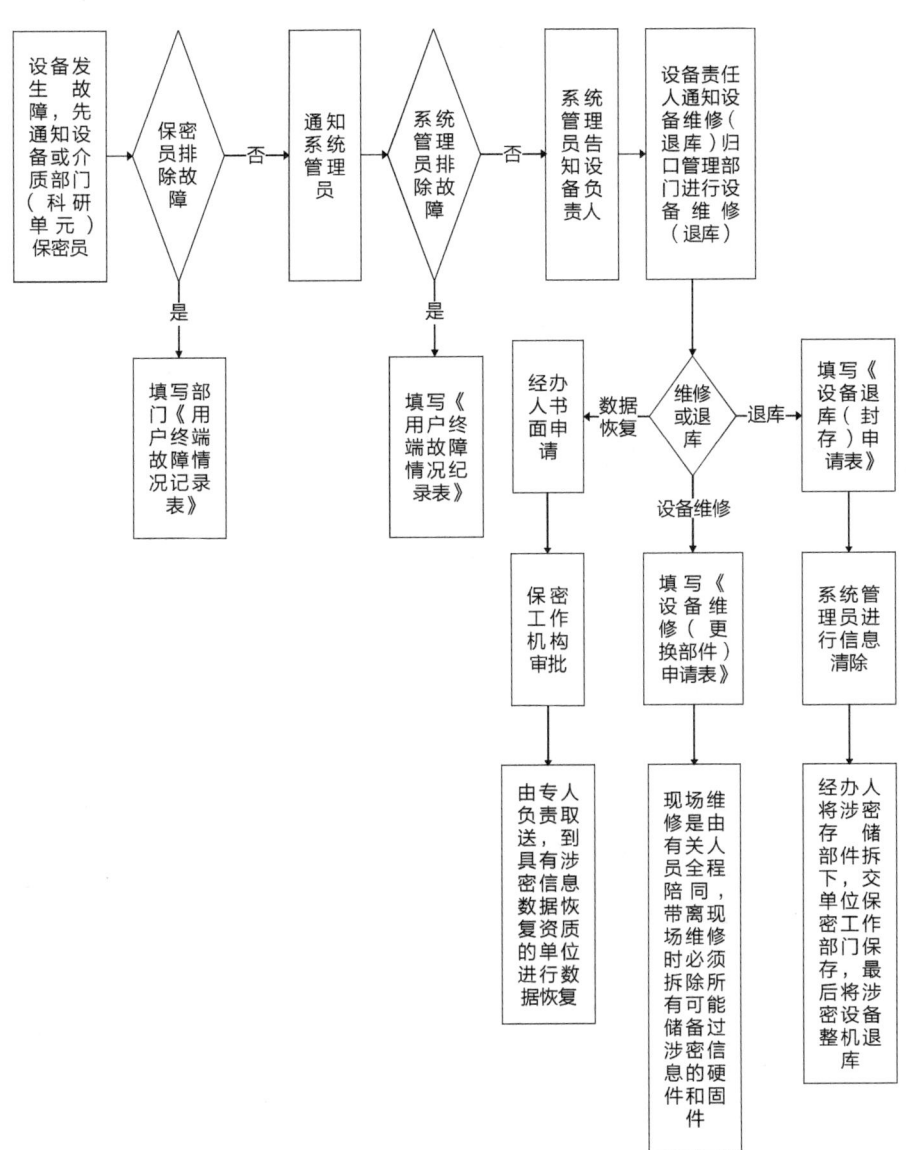

图8-3 设备介质维修和退库程序

6.不再或无法使用的存储部件和存储介质应先交部门（科研单元）兼职保密员，由兼职保密员汇总，再由系统管理员消除存储的信息，然后再连同填写完成的《存储介质报废申请表》，交保密工作部门保存，由保密工作部门统一采用符合保密要求的技术或者设备进行信息消除和载体销毁。

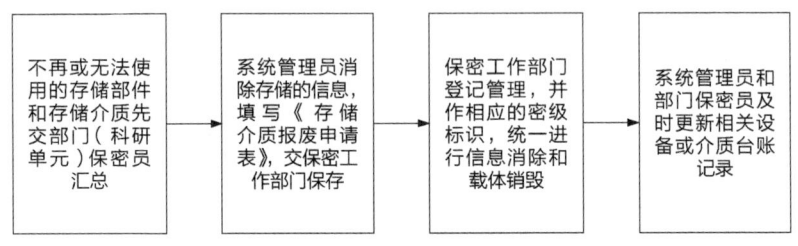

图8-4　设备介质报废程序

7.保密工作部门应对报废不用的涉密存储部件和存储介质登记管理，并做相应的密级标识。禁止将涉密存储部件外卖或外拨使用。

8.涉密信息设备和涉密存储介质报废、退库或重新使用后，系统管理员和部门保密员应及时更新相关设备或介质台账记录。

第五十三条　运行与开发管理规定

（一）软件安装控制

1.涉密计算机不得随意进行硬盘格式化或重新安装操作系统，确因操作系统崩溃、系统运行缓慢、病毒破坏导致系统无法正常运行的，可填写《计算机格式化重装系统申请表》，经审批后由系统管理员负责重新安装。

2.单位涉密计算机用户不得自行安装外来的软件,不得卸载防病毒软件和安全保密软件。

3.因工作需要安装外来软件,须经部门领导和保密工作部门审批后,由系统管理员协助用户进行安装。

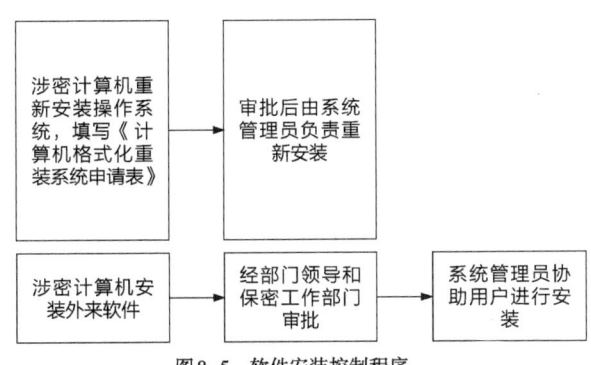

图8-5 软件安装控制程序

(二)符合性检查

1.系统管理员对单位涉密计算机实施端口监控、用户操作行为监控、打印机输出监控等,安装监控软件。

2.安全审计员定期(绝密级每周、机密级一个月、秘密级三个月)对涉密计算机监控记录进行统计和分析,填写《安全性能检测结果分析表》,提交给保密委员会办公室,追查违规行为,发现潜在隐患。

3.系统管理员定期(每年两次)使用符合规定的保密检查工具对用户操作行为进行安全保密法规、保密标准复合型检查,并做好相关检查记录。

(三)计算机病毒与恶意代码查杀

1.单位涉密计算机必须统一安装和部署获得公安机关批准的网络版计算机病毒防护产品。

2.系统管理员负责定期(每两周1次)升级病毒库,及时发布可能的病毒发作和应对办法,采取措施预防病毒侵袭涉密计算机。计算机病毒与恶意代码样本库升级包必须通过中间机,经过安全性检测后,采用刻光盘方式导入本单位涉密计算机,并做好升级记录《安全设备/系统升级操作记录表》。

3.单位涉密计算机应定期安装操作系统补丁,封堵系统漏洞。

4.系统管理员定期查看各涉密计算机防病毒软件的升级情况,确保各涉密计算机防病毒软件的版本保持最新。

5.安全审计员每月对病毒日志进行审计。如有可疑情况,上报保密工作部门,由保密工作部门通知相关计算机责任人。

(四)系统应急计划和响应策略

应急计划和响应策略应进行评审和演练,各部门(科研单元)协调配合,筹备所需资源,将预案分发给相关人员,应急计划和响应策略具体要求如下:

1.应条理清楚、语言简洁、步骤分明、具有可操作性;

2.应有明确的负责人与各级责任人的职责;

3.应便于培训和实施演习;

4.简单流程图应公布在显著和方便的位置,以便发生事故时,能迅速、方便地执行;

5.记录系统应急响应演练过程和结果,包括应演时间、参加人员、假设事件、解决办法和流程、演练结果等内容,填写《系统应急响应演练记录表》；

6.定期进行系统应急响应培训（每6个月一次），记录培训时间、讲师、受训人员、内容、培训效果等内容，填写《系统应急响应的培训记录》。

（五）涉密计算机异常事件

涉密计算机异常事件指当涉密计算机面临各种危害系统安全、影响系统使用、或导致窃密行为发生的紧急事件，分系统运行安全事件和泄密事件两大类。

1.系统运行安全事件

（1）系统运行安全事件具体包括：

①文档数据遭到破坏、篡改或窃取；

②硬件受到破坏性攻击不能正常发挥其部分功能或全部功能；

③软件受到破坏性攻击不能正常发挥其部分功能或全部功能；

④软件受到计算机病毒的侵害，局部或全部数据和功能受到损坏，使系统不能工作或工作效率急剧下降；

⑤物理设备被人为毁坏，无法正常工作；

⑥受到自然灾害的破坏，如地震、水灾、火灾、雷电；

⑦出现意外停电而又无后备供电措施；

⑧重要的关键岗位人员不能上岗。

（2）系统运行安全事件处理方法：

①应及时用口头或书面形式向保密工作部门和分管保密负责人如实报告；

②分析异常事件发生的管理和技术两个方面的原因，评估异常

事件可能造成的后果（如病毒破坏、数据篡改、系统瘫痪），实施技术补救措施，完善相关保密管理规定，及时消除系统隐患；

③对事件类型、响应、影响范围、补救措施、最终结果等进行详细记录。

2.泄密事件

（1）泄密事件包括：

①因操作不当导致涉密信息被窃取产生的泄密事件；

②因计算机访问权限设置不当导致涉密信息被窃取产生的泄密事件；

③因用户账户和密码盗用导致涉密信息被窃取产生的泄密事件；

④因涉密计算机和介质丢失导致涉密信息被窃取产生的泄密事件；

⑤因病毒、木马或系统漏洞导致涉密信息被窃取产生的泄密事件。

（2）泄密事件处理方法：

①当事人和所在部门须在第一时间内向保密工作部门如实报告。在外地丢失涉密信息设备和存储介质时，当事人除了向单位报告外，还应根据保密工作部门指示向当地保密行政管理部门、安全机关、公安机关报案。

②采取改变或终止用户权限等措施，切断泄密源头，控制泄密范围。

③保密委员会接到失、泄密事件的报告后，应及时向当地保密行政管理部门及有关部门报告。

④各相关部门协同，查找泄密事件发生的原因，及时对系统隐患进行修补。

⑤对系统泄密隐患或风险进行重新评估，确认安全后，系统方能重新运行。

⑥对事件类型、响应、影响范围、补救措施、最终结果等进行详细记录，填写《泄密事件记录表》。

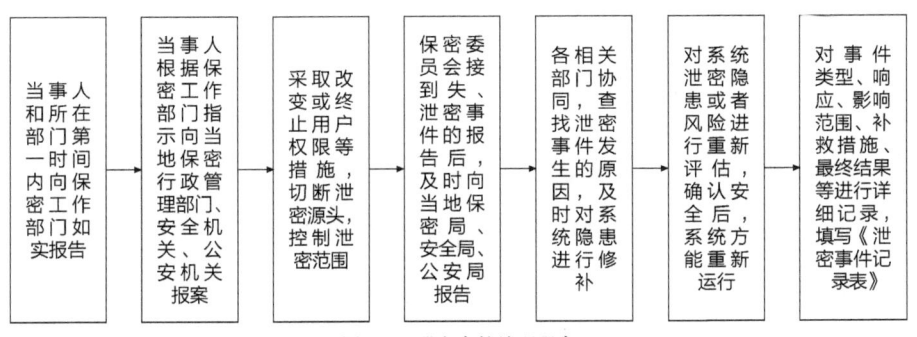

图 8-6 泄密事件处理程序

（六）系统恢复管理

1. 当单位涉密计算机系统、关键应用系统整体或部分功能被破坏或发生故障时，应在 24 小时内对系统基本功能进行恢复或重建。

2. 定期进行系统恢复演练（每年至少一次），并做好相应记录，填写《系统恢复演练记录表》。

3. 定期进行系统恢复培训（每 6 个月一次），并做好相应记录，填写《系统恢复培训记录表》。

（七）系统安全评估

1. 针对系统安全事件，在日常工作中，安全保密管理员和系统管理员要运用各类安全设备或者相关技术，对各类日志记录进行定期综合分析（每月一次），填写《安全审计分析表》，对异常记录查找原因，发现问题及时向保密工作部门报告。

2. 实施异常事件或违规情况定期公布制度；保密工作部门定期开展检查，加大奖惩力度，落实责任，减少异常事件的发生。

第五十四条　信息保密管理规定

（一）涉密信息管理规定

涉密信息按要求只能存放在单位涉密计算机中相应密级的计算机内。涉密人员应对涉密计算机中产生、存储、处理、传输、归档和输出的涉密信息及其存储介质添加相应密级标识，电子文件密级标识应与信息主体不可分离。涉密人员应对自身处理和产生的涉密信息（如涉密计算机内的涉密文件、纸质涉密文件）定期统计（3个月一次），填写《个人涉密电子文档登记表》。部门（科研单元）定期将情况汇总，报予保密工作部门。

（二）知悉范围确定

1. 涉密信息严格按照密级进行管理。涉密信息在传递发送时不得向非密人员传递发送。

2. 低密级人员未经审批严禁查阅高密级信息。同密级人员未经审批不允许查阅与自身工作无关的涉密信息。任何人员不允许擅自扩大涉密信息知悉范围。

（三）用户标识符管理

1.用户应设置涉密计算机登录口令，秘密级计算机口令长度不少于8位，更换周期不超过1个月；机密级计算机应采用IC卡或USB Key与口令相结合的方式，且口令长度不少于4位，如果仅使用口令方式，长度不少于10位，更换周期不超过1周。口令必须采用大小写字母、数字和特殊字符中两者以上组合。更改密码时并填写《涉密计算机口令更换记录》。绝密级计算机口令应采用生理特征（如指纹、虹膜）等强身份鉴别方式。屏幕保护等待时间不大于5分钟。

2.涉密计算机用户设置应遵照不易被破译的原则，不准随意把密码告诉他人，不准将密码记载在没有保密措施的介质上或粘贴在公开场所。

3.用户因故遗忘密码时，应填写《用户更改密码申请单》，由系统管理员重置用户初始密码，再由用户更改为用户密码。

4.涉密计算机只限本机责任人和授权使用人使用，多人共用的涉密计算机存储的涉密文件应做好访问权限的设定，原则上只允许涉密文件责任人访问。因工作需要涉密计算机调与他人使用时，系统管理员应将其存储的涉密信息备份后清除。

5.系统管理员和安全保密管理员应严格控制对系统的各级访问权限，未经用户授权不得随意清除或修改用户密码。

6.用户系统登录时所使用的用户身份标识应由本人按要求提出书面申请，经部门（科研单元）负责人同意，系统管理员审批后，由安全保密管理员产生，应确保用户标识在此系统生命周期中的唯一性的相关规定。

第五十五条 使用基本要求

（一）使用涉密计算机必须在《涉密计算机运行记录表》上进行登记。

（二）计算机存储和处理的涉密信息，以及存储和处理涉密信息的物理设备和介质，都应有密级标识，且密级标识不得与涉密信息主体相分离，文件资料标识在正文首页左上角。例：秘密★5年。

（三）非密计算机中严禁存储、运行、传递、发布涉密信息和接入涉密介质。

（四）低密级计算机不能存储和处理高密级信息，高密级计算机允许存储和处理低密级信息。涉密文档只能点到点传输，禁止在本单位涉密计算机上共享涉密信息，禁止将高密级信息传输到低密级用户计算机中。

（五）任何部门和个人不得危害涉密计算机的安全，不得通过涉密计算机泄露国家秘密，不得通过网络窃取秘密。

（六）外来人员未经批准不能使用本单位涉密计算机。

（七）任何人不得在保密要害部门、部位和涉密计算机中心机房使用便携式计算机无线上网。

（八）各类涉密和非涉密设备、存储介质的责任人发生变更时，须办理变更手续，填写《涉密设备或存储介质责任人变更单》，未办理手续而给他人继续使用的，一经发现，将对前责任人进行惩罚。责任人变更后，部门（科研单元）相关保密台账应及时更新。

第五十六条 数据交换管理基本要求

（一）外部数据导入涉密计算机必须使用中间机进行中转，涉密计算机之间数据交换可通过涉密U盘或光盘交换数据，不必使用中间机。

（二）单位应部署涉密中间机和非涉密中间机，每台中间机由系统管理员管理，负责中间机的操作和登记。

（三）信息数据交换应当遵从以下规则。

1.外部非涉密信息导入涉密计算机时，应当：

（1）外部非涉密信息导入应注明信息的名称、来源、用途等，经部门（科研单元）负责人批准后，将存储非密数据文件的非密存储介质或非密一次性写入光盘、申请单交非密中间机管理员。

（2）非密中间机管理员根据申请单，在非密中间机接入非密存储介质，进行计算机病毒与恶意代码、间谍软件、木马程序的查杀，然后将非密文件信息刻录到非密一次性写入光盘，收回借用的非密公用U盘，清除存储的内容，填写申请单其他记录内容。申请单定期（一个月）汇集交保密工作部门保存备案。

（3）申请人持光盘读入到本部门涉密计算机上，填写《计算机输入、输出信息登记表》，光盘交部门保密员存档备案。

2.外部非涉密信息导入内网时，应当：

（1）外部非涉密信息导入内网应注明信息的名称、来源、用途等，经部门负责人批准后，将存储非密数据文件的非密存储介质或非密一次性写入光盘、申请单交非密中间机管理员。

（2）非密中间机管理员根据申请单，在非密中间机接入非密存储介质，进行计算机病毒与恶意代码、间谍软件、木马程序的查杀，然后将非密文件信息刻录到非密一次性写入光盘，收回借用的非密公用U盘，清除存储的内容，填写申请单其他记录内容。申请单定期（一个月）汇集交保密办公室保存备案。

（3）申请人持光盘到集中输入输出计算机上，通过邮件发送到本人计算机上。填写《计算机输入、输出信息登记表》，光盘交部门保密员存档备案。

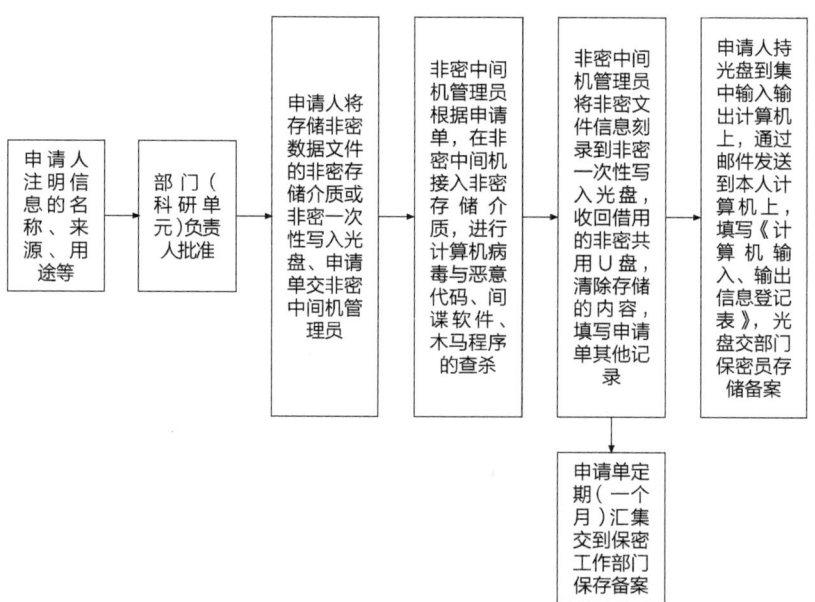

图8-7 外部非涉密信息导入程序

3.外部涉密文件导入涉密计算机时,应当:

(1)外部涉密文件导入涉密计算机时应注明信息的名称、来源、用途等,经部门领导批准后,原则应首先经过非密中间机进行计算机病毒与恶意代码、间谍软件、木马程序的查杀,将信息刻录到涉密一次性写入光盘,然后一次性写入光盘和申请单交涉密中间机管理员;

(2)涉密中间机管理员根据申请单,将涉密文件导入涉密中间机中,填写申请单其他记录内容,申请单定期(一个月)汇集交保工作部门备案;

(3)申请人通过涉密专用U盘将文件拷至涉密计算机上,填写《计算机输入、输出信息登记表》。

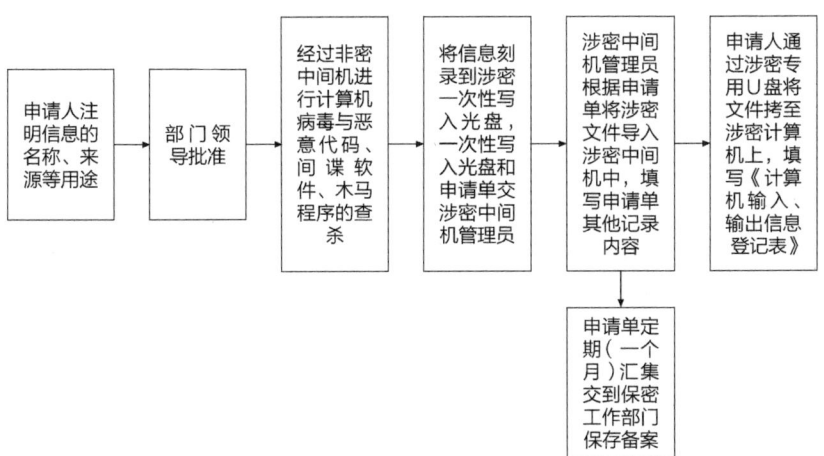

图8-8 外部涉密信息导入涉密计算机程序

4.涉密文件导出到外部时,应当:

(1)一般应当输出纸介质文件;

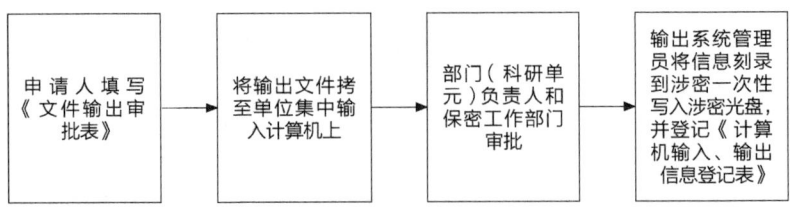

图8-9 涉密文件导出程序

（2）因工作需要导出电子文件时，申请人填写《文件输出审批表》，应将输出文件拷至单位集中输入输出计算机上，经部门（科研单元）负责人和保密工作部门审批后，由输出系统管理员将信息刻录到涉密一次性写入涉密光盘，并登记《计算机输入、输出信息登记表》备查。

附:
购置涉密设备及涉密载体申报表

申请部门(科研单元)		部门申请人	
申请事项		涉密等级	
设备名称、型号、配置			
申请理由: 经办人签字:　　年　月　日			
部门(科研单元)意见: 部门(科研单元)负责人签字:　　年　月　日			
保密委员会办公室审批意见: 签字:　　年　月　日			
分管保密负责人审批意见: 签字:　　年　月　日			

注:1.本表保密委员会办公室保存一份;
　　2.计算机主板必须能设置开机密码。涉密设备和载体不得带有无线网络和拨号上网功能。

安全保密产品台账

序号	类型	名称型号	使用人	检测证书名称	检测证书编号	购置时间	使用情况

涉密设备审批登记表

部门（科研单元）			部位		申请时间	
责任人			密级		□机密　□秘密　□非密	
设备类型		□计算机　□打印机　□其他设备＿＿＿＿＿＿				
□新设备　□旧设备			设备编号			
涉密原因						
部门（科研单元）负责人意见					签字： 年　月　日	
计算机安全检查情况	硬件	品牌型号：　　　硬盘序列号：　　　计算机名： I/O口： 无线或拨号上网设备： 其他外设：				
	软件	操作系统：　　　版本：　　　安装时间： 应用软件： 是否有上网记录：　　是否有手机记录： 是否有U盘记录：　　病毒、木马和非工作软件清除：				
保密委员会办公室意见		经检测，是否符合涉密要求　　□是□否 密级标识：＿＿＿＿＿＿ 签字： 　　　　年　月　日				
系统管理员意见					签字： 年　月　日	
操作人员					签字： 年　月　日	

计算机台账

序号	部门	物理位置	品牌/型号	责任人	资产编号	密级	IP地址	MAC地址	硬盘序列号	操作系统	操作系统安装日期	用途	使用情况	备注（I/O设备和可用端口）

注："使用情况"包括在用、停用、维修、报废、销毁等。

设备变更申请表

申请时间		部门（科研单元）		责任人	
现设备编号		设备类型	□计算机 □打印机 □其他设备		
变更原因					
变更位置	现位置				
	新位置				
	变更部件				
	其他				
部门（科研单元）负责人意见	新设备编号： 签字： 年 月 日				
保密委员会办公室意见	签字： 年 月 日				
系统管理员意见	签字： 年 月 日				
操作人员	原计算机名		IP		MAC地址	
	新计算机名		IP		MAC地址	
	原操作系统			新操作系统		
	原序列号			新序列号		
	签字： 年 月 日					

打印信息登记表

打印机编号：

序号	打印日期	打印文件名称	用途	去向	份数	页数	密级	申请人	操作人	备注

计算机输入、输出信息登记表

计算机编号：

序号	操作日期	入/出	载体类型及编号	信息名称及用途	去向	密级	申请人	操作者	备注

计算机及载体外携审批表

申请人			所在部门（科研单元）		
所携带载体类型：	□电脑　□U盘　□移动硬盘　□磁介质　□光盘　□纸介质　□其他				
载体数量		载体编号		载体密级	
外携理由					
保密教育	涉密便携式计算机未经审批不得存储涉密信息，只能用于处理涉密信息；涉密载体可以存放同密级或低密级信息，但在携带过程中与便携式计算机分开保管，不得放入便携式计算机包内。 非涉密便携式计算机和非涉密载体严禁存储、处理涉密信息。 便携式计算机未经批准严禁重装系统或低格硬盘。 外携人必须做到机器不离身，载体不离身，不委托他人保管；时刻保持警惕，严防丢失。 外携人签字：				
外出时间			随同人姓名		
载体内信息概要					
部门（科研单元）领导审批				签名： 　　　　年　月　日	
保密委员会办公室审批				签名： 　　　　年　月　日	
介质上报递送不返回本单位的请填写下列内容					
接收单位			接收人员签字		
接收时间			备注		
便携式电脑和涉密存储介质外出并返回本单位的请填下列内容					
便携式电脑外出/返回保密委员会办公室检查情况	外出检查： 　　检查人： 　　　　年　月　日		返回检查： 　　检查人： 　　　　年　月　日		

注：审查时须将便携式电脑和本表一起交保密委员会办公室检查。此表交保密委员会办公室保存，非密无须保密委员会办公室审批。

涉密存储介质借用登记表

部门（科研单元）：

介质编号	介质密级	介质类别	名称型号	借用时间	借用人	使用地点	用途	经办人	归还时间	是否消除信息	备注

存储介质登记台账

序号	介质类别	名称型号	编号	部门	责任人	密级	序列号	用途	使用情况	备注

注："使用情况"包括在用、停用、维修、报废、销毁等。

办公自动化设备登记台账

序号	资产编号	责任人	部门	名称型号	类型	密级	存放位置	用途	使用情况	备注

注："使用情况"包括在用、停用、维修、报废、销毁等。

计算机和存储介质清查核对记录表

清查核对时间		清查核对人员	
清查核对项	涉密数量/非密数量	台账记录与责任人变更	完好性检查
计算机			
打印机			
其他			
介质类型 U盘			
介质类型 移动硬盘			
介质类型 光盘			

注：各部门保密员至少三个月检查一次，清查核对使用情况并产生记录归档。

设备维修（更换部件）申请表

部门（科研单元）			申请人	
设备种类	□计算机(部件) □移动介质 □打印机 □办公自动化 □其他设备 _____			
密级和编号			数量	
申请类型	□维修：		□更换部件名：	
故障现象				
申请部门（科研单元）领导审批意见	签字： 年 月 日		系统管理员意见	签字： 年 月 日
维修过程（维修时填写）				
维修单位和人员			维修地点	
维修时间			陪同人员	
故障原因				
维修过程和排除方法				
维修结果	 申请人签字： 年 月 日			

注：此表交设备维修归口管理部门保存，若涉密设备维修需另一份保密委员办公室备案。

设备退库(封存)申请表

设备名称		密级/编号	
使用部门（科研单元）		资产编号	
规格型号		生产厂家	
退库原因： 经办人： 负责人：			
管理部门意见： 签字： 年 月 日			
存储部件数量和序列号（去向：交保密办）			信息清除情况
保密办公室意见： 签字： 年 月 日			
分管保密负责人批示： 签字： 年 月 日			

注：1.此表由系统管理员（单位职能部门）保存，若涉密设备退库(封存)需报保密委员会办公室备案。
   2.涉密设备退库前需将存储部件拆卸交保密委员会办公室，方可办理退库。

存储介质报废申请表

部门(科研单元): 　　　申请日期: 　　　NO:

序号	介质类型	编号	密级	责任人	领导审批	信息消除	去向	备注

注：介质类型包括光盘、硬盘、移动硬盘、U盘。此表保密办留存备案。

计算机格式化重装系统申请表

申请时间		部门(科研单元)		保密标签号	
申请人		原操作系统		新操作系统	
故障现象					
故障原因	□系统崩溃　□运行缓慢　□病毒破坏　□其他＿＿＿＿				
部门(科研单元)负责人审批	签字：　　　　年　月　日				
系统管理员审批	签字：　　　　年　月　日				
操作人员	签字：　　　　年　月　日				

注：本表保存在保密室。

安全设备/系统升级操作记录表

序号	升级对象名称	升级时间	升级后运行情况	操作人

系统应急响应演练记录表

演练时间		演练人员	
演练内容			
演练效果			

注：根据系统应急响应预案或预案中的部分环节，每年至少进行一次。

系统应急响应的培训记录

培训时间		讲师	
受训人员			
培训内容			
培训效果			

注：至少每六个月一次进行系统应急响应培训。

泄密事件记录表

泄密事件发生源		发生时间	
发生原因			
影响范围			
补救措施			
处理结果			
泄密当事人		签字：　　　　　年　月　日	
部门（科研单元）领导		签字：　　　　　年　月　日	
保密委员会办公室		签字：　　　　　年　月　日	

注：此表留保密委员会办公室备案。

系统恢复演练记录表

演练时间		演练人员	
演练内容			
演练效果			

注：根据系统恢复预案或预案中的部分环节，每年至少进行一次。

系统恢复培训记录表

培训时间		讲师	
受训人员			
培训内容			
培训效果			

注：至少每六个月一次进行系统恢复培训。

安全审计分析表

检查人员		日期		
审计类型	□主机审计　□系统日志　□重要应用系统日志审计　□其他			
可疑事件				
分析结果				
处理措施				
系统管理员意见： 　　　　　　　　　　　　　　　　　签字：　　年　月　日				
保密委员会办公室意见： 　　　　　　　　　　　　　　　　　签字：　　年　月　日				

注：每月至少一次对重要安全设备或系统进行安全审计。

个人涉密电子文档登记表

部门（科研单元）：　　　　　姓名：　　　　日期：　年　月　日

序号	文档名称	密级	知悉范围 （部门名或项目组名）

注：此表三个月统计一次，报部门（科研单元）保密员留存，汇总后报保密委员会办公室备案。

涉密计算机口令更换记录

序号	涉密计算机编号	口令更换时间	操作者	备注

用户更改密码申请单

申请部门（科研单元）		日期	
申请人		用户名称	
更改原因			
备注			
用户领导签字			
操作员		日期	

注：更改后用户密码不得直接写在本申请单上，只能直接口头告知用户，再由用户自行修改。

涉密计算机运行记录表（　　年）

序号	日期	操作内容摘要	开机时间	关机时间	部门（科研单元）	操作人	监管人	备注

涉密设备或存储介质责任人变更单

设备类型	□计算机　□U盘　□移动硬盘　□打印机　□其他_____		
所属部门（科研单元）		密级	
原责任人		新责任人	
变更原因			
部门（科研单元）负责人意见： 签字： 　　年　月　日			
保密委员会办公室意见： 签字： 　　年　月　日			
此项部门兼职保密员填写	文档资料修改情况		
^	其他修改情况		
此项系统管理员填写	违规行为检查情况		
^	审计系统信息修改情况		
^	客户端配置修改情况		
操作员 签字： 　年　月　日		新责任人确认 签字： 　年　月　日	

注：此表格交保密委员会办公室留存。

文件输出审批表

部门 （科研单元）		申请人	
密级	□非密 □秘密 □机密	日期	
文件来源	□机密级单机　□秘密级单机　□内网		
文件去向	□机密级单机　□秘密级单机　□内网 □外部＿＿＿＿＿＿＿＿＿＿＿＿＿＿＿＿＿＿		
数据内容			
部门（科研单元） 领导意见	签字： 　　　　　　　　年　　月　　日		
保密委员会 办公室意见	签字： 　　　　　　　　年　　月　　日		
保密委员会意见	签字： 　　　　　　　　年　　月　　日		

注：涉密的需保密委员会办公室和保密委员会审批。

第九章

通信及办公自动化设备保密管理

第五十七条 通信是指通过一定的传输媒介和交换设备（如电话机、传真机等）将语言、文字、声音、图像、数据等信息，传送到一个或多个地方，以达到信息传送交换的目的。

通信设备是面向用户的终端设备，按业务可分为电话设备、电报设备、数据通信设备、图像通信设备、移动通信设备和其他用户终端接口设备等。

办公自动化是指以提高办公事务处理效率为目的，把有关技术和设备（如复印机、文字处理机、声像器材）应用于办公事务当中。

根据办公信息流转过程的主要功能，办公自动化设备可分为信息复制设备、信息处理设备、信息传输设备、信息存储设备及其他辅助设备。所处理对象不仅有文字、数字，也包括图形、图像以及声音信息。

第五十八条 通信设备保密管理

（一）普通手机保密管理

使用普通手机，应按下列保密要求进行管理：

1. 不得在通信中涉及国家秘密；
2. 不得在手机上存储、处理、传输涉及国家秘密的信息；
3. 不得连接涉密信息系统、涉密信息设备或者涉密载体；
4. 不得在手机上存储核心涉密人员的工作单位、职务、红机电话号码等敏感信息；
5. 不得在涉密公务活动中开启和使用位置服务功能；
6. 在申请手机号码、注册手机邮箱或者开通其他功能时，不得填写禁止公开的涉密单位名称和地址等信息；

7.不得使用未经国家电信管理部门进网许可的手机；

8.不得使用境外机构、境外人员赠送的手机；

9.不得将手机带入保密要害部位、绝密级或者机密级会议和活动场所；

10.不得在保密要害部门、秘密级会议和活动场所中使用手机；

11.不得在使用涉密信息设备的场所使用手机进行视频通话、拍照、上网、录音和录像；

12.不得使用商用加密手机谈论及存储、处理、传输国家秘密信息。

（二）专用手机保密管理

使用专用手机，应按下列保密要求进行管理：

1.不得在专用手机上存储、处理、传输高于规定密级的信息；

2.不得在周边人员情况复杂或其他不具备安全保密条件的场所使用；

3.未经批准不得提供给他人使用；

4.不得擅自改动专用手机的软硬件；

5.不得在指定单位之外的场所维修维护。

（三）普通电话和传真机保密管理

使用普通电话和传真机，应按下列保密要求进行管理：

1.明码、明语通信严禁涉及保密事项；

2.严禁用明码、明语电话、电报或文件的形式回复、传递传真或互相转发涉密电报的内容。

（四）保密电话和传真机保密管理

使用保密电话和传真机，应按下列保密要求进行管理：

1.保密电话、传真机使用应严格遵守保密管理规定，并制定详细的管理办法，指定专人负责；

2.保密电话应符合国家保密标准并具有国家保密行政管理部门颁发的进网许可证；

3.严禁使用无绳电话；

4.保密电话、传真机安装应符合保密要害部门、部位的条件要求，加装防盗报警装置，严禁无关人员进入；

5.非密事项需发传真、电报的，不得使用密码传真、密码电报；

6.保密电话、传真机一旦安装，不得随意改变安装位置；

7.传真涉密信息，必须使用国家密码管理部门批准使用的保密传真机；

8.保密传真只能传输机密级和秘密级信息，绝密级信息应送当地机要部门译发；

9.保密传真机发生故障或出现异常现象，要送研制单位或当地党政密码机维修机构，操作使用人员不得擅自拆卸机器。

第五十九条 办公自动化设备保密管理

（一）复印机保密管理

使用复印机，应按下列保密要求进行管理：

1.非涉密复印机不得复印涉密文件、资料。

2.涉密复印机应置于符合保密要求的场所，指定专人管理，不得与互联网等公共信息网络相连接。

3.启用涉密复印机前，应当进行必要的保密技术检测。

4.复印涉密文件、资料等，须即送即印，履行签收手续。

5.复印涉密文件、资料过程中产生的不合格件和多余件必须及时销毁。

6.涉密复印机维修应当在单位内部进行，并有专人现场监督，严禁维修人员擅自读取或拷贝存储信息，确需外送维修的，应当拆除信息存储部件（硬盘）或进行专业销密。每次维修必须做好记录，填写《办公自动化设备维修（更换部件）申请表》。

7.涉密复印机存储部件需要销毁的，应按涉密载体销毁要求办理。

（二）打印机和扫描仪保密管理

使用打印机和扫描仪，应按下列保密要求进行管理：

1.非涉密打印机、扫描仪不得打印、扫描涉密文件、资料；

2.涉密打印机、扫描仪不得与互联网等公共信息网络连接，不得与涉密计算机之间采用无线连接方式；

3.严禁在非涉密计算机中扫描涉密文件、资料；

4.涉密打印机、扫描仪硬件维修须清除硬盘数据并送具有保密资质的维修店维修。

（三）多功能一体机保密管理

使用多功能一体机，应按下列保密要求进行管理：

1.非涉密多功能一体机不得处理、传输涉密信息；

2.非涉密多功能一体机不得连接涉密计算机及接入涉密信息系统；

3.涉密多功能一体机不得与公共通信网络连接，或与其他非涉密计算机共享；

4.涉密多功能一体机报废的硒鼓等耗材配件，应视同涉密存储介质进行销毁。

（四）录音、录像、照相设备保密管理

使用录音、录像、照相设备，应按下列保密要求进行管理：

1.未经批准，涉密会议不准录音、录像；

2.涉密会议的录音、录像载体，应按相应密级的文件、资料管理；

3.用于存储涉密会议照片的CF、SD等存储卡，应当确定为涉密载体并落实有关保密管理规定。

（五）碎纸机保密管理

使用碎纸机，应按下列保密要求进行管理：

1.碎纸机应使用经有关部门测评的产品，如选用进口产品，投入使用前应进行安全保密检测；

2.保密要害部门、部位使用的涉密碎纸机，在使用前应进行安全保密检测；

3.淘汰、报废时应进行清点登记，按有关保密规定进行销毁。

第六十条 涉密邮件邮寄或携运保密规定

（一）任何个人不准私自邮寄或携运属于国家秘密的文件、资料及属于单位科研、生产的涉密文件、资料和其他物品出境。需要邮寄或携运属于国家秘密的文件、资料和其他物品出境的,应经主管单位(依托单位)保密工作机构或地方保密行政管理部门审批后,由国家规定的单位承办。

(二)确因工作需要,需自行携运机密级、秘密级的涉密文件、资料和其他物品出境的,由部门(科研单元)向单位保密工作机构提出申请,经保密工作部门和分管保密领导同意,出具出境证明,向主管单位(依托单位)保密工作机构或地方保密行政管理部门申办《国家秘密载体出境许可证》(以下简称《许可证》),绝密级载体禁止携运出境。

(三)单位在对外交流与合作中,依照国家有关规定,合法向外方提供属于机密级、秘密级的文件、资料和其他物品,需由外方

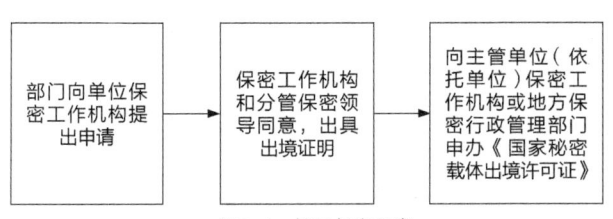

图9-1 携运保密程序

携运出境的,应由本单位办妥《许可证》后,再交外方携运。

(四)本单位携运涉密文件、资料和其他物品的人员,按《许可证》确定的内容携带,不要有夹带、托带、漏带等现象,出境时应主动向海关申报,海关凭《许可证》验放。

(五)个人的私人信件,包括寄往我国港、澳、台地区和海外的个人信件,内容不得涉及单位的工作情况、产品用途、研究方

向、部门设置、人员数量、设备状况等涉密或内部信息。

（六）邮寄含涉密信息的信件、印刷品、物品等，应通过机要邮件传送，不能使用普通邮件，也不能为了快捷使用特快专递。密件传递，按内容急缓程度可分为"普通""加急""特急"三级，由拟稿人注明，专职工作人员根据级别确定传递的优先级。

第十章

涉密科研场所及资产保密管理

第六十一条 涉密科研场所保密管理

（一）适用范围

涉密科研场所包括进行涉密科学实验、技术研发、产品研制和设备试验的实验室、部门或场地等。

（二）保密责任

1.涉密科研场所负责人是保密工作的第一责任人（在岗期间要签署《涉密科研场所保密工作领导责任书》），其保密管理的主要责任是：

（1）对涉密科研场所工作人员进行资格审查，确定涉密等级，并签订保密责任书，落实保密责任；

（2）开展保密宣传教育，定期进行保密培训，增强所属工作人员的防范意识和知识技能；

（3）建立岗位责任制，把涉密科研场所的管理责任落实到个人，保证各项相关的保密管理规章制度的落实，并结合实际，制定具体保密管理制度和防范措施；

（4）对所属工作人员工作变动、出国（境）等申请提出意见；

（5）对所属工作人员执行保密制度、遵守保密纪律、履行保密职责的情况进行监督、考核；对不适宜在涉密科研场所工作的人员要及时调离；

（6）定期研究、布置、检查、总结涉密科研场所的保密环境、防范设备和涉密载体，及时消除泄密隐患；

（7）确定进入涉密科研场所人员的范围，严格控制外部人员进入，对因工作需要进入涉密场所的外部人员做好审查、审批和登记工作；

（8）涉密科研场所发生泄密事件和发现工作人员违反保密管理规定时，要及时报告并积极协助查处。

2.涉密科研场所工作人员作为涉密人员（在岗期间签订《涉密科研场所工作人员保密工作责任书》），其保密管理的主要责任是：

（1）依法管理和使用国家秘密载体；

（2）负责涉密科研场所设备、设施的安全保密；

（3）维护所经管的国家秘密载体的正常使用和流转，防止和制止违反保密规定的行为；

（4）协助和参与涉密科研场所开展保密工作；

（5）履行保密法律、法规和规章所规定的其他职责。

（三）保密管理要求

1.涉密科研场所保密管理实行"谁主管、谁负责"的原则，做到人防、技防、物防相结合，严格管理、责任到人，严密防范、确保安全。

2.严格控制进入涉密科研场所的人员范围，严禁无关人员进入，严禁外国人进入。

3.外部人员因工作需要进入涉密科研场所，需经负责人批准，并做好登记工作，必要时需经实验室领导批准并备案。未经批准，任何部门（科研单元）和个人不得组织现场参观活动。经批准的参观应按指定路线进行，适度介绍，并详实记载参观情况。

（四）涉密科研场所保密管理

1.科研协作、参观考察、临时聘用、岗前实习的人员要进入涉密科研场所，由相关部门（科研单元）填报《外来人员进入保密区域审批表》，经部门（科研单元）负责人和业务主管部门签署意见，保密委员会同意后方可进入。相关部门（科研单元）负责与进入人员签订《外来人员保密责任书》，对其进行保密教育培训或保密提醒，并登记《进入涉密科研场所人员登记表》。

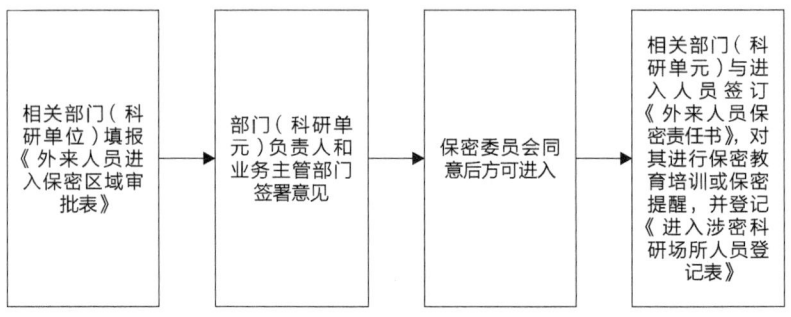

图10-1　外来人员进入涉密科研场所审批程序

2.涉密科研场所工勤人员上岗前要进行保密教育培训，相关部门（科研单元）与其签订《工勤人员保密承诺书》，提出安全保密管理要求。在岗期间严格控制活动区域和知悉范围，禁止私自单独出入涉密科研场所，离岗离职实行脱密期管理。

3.涉密外场试验的科研场所由项目负责人负责现场的保密管理，制定试验场区保密管理规定。大型或密级较高的外场试验现场应实行出入证管理制度，必要时还应与所在地区保密行政管理部门联系，接受其在保密管理具体防范技术上的监督和指导。

4.涉密科研场所应定期开展保密检查，分析和评估泄密隐患，及时整改和消除不安全因素。重大隐患或不能解决的隐患，及时报单位保密委员会办公室，由保密委员会办公室协助解决。

（五）涉密科研场所安全防护

1. 涉密科研场所必须有安全保密隔离措施，应具备完善可靠的人防、物防、技防三结合的安全保密防范措施，确保国家秘密始终处于安全的状态。

2. 涉密科研场所的周边环境必须符合保密要求。实验室规划、建设部门审批新建、改建或修缮工程项目，应同步考虑保密问题。涉及涉密场所周边环境安全问题的，由实验室保密委员会办公室指导涉密科研场所落实安全保密防范措施。

3. 涉密科研场所保密技术防范设施，应与工程项目同计划、同预算、同建设、同验收。

（1）涉密科研场所须配备专职值班人员，实行24小时值班守卫。

（2）值班人员主要担负涉密场所外围安全控制区域、出入口和内部公共部分的安全保卫工作。

（3）值班人员禁止进入涉密场所的房间内部。因工作需要必须进入时，须有内部工作人员陪同。

4. 涉密科研场所必须配备安全保密防范设施：

（1）出入口须安装防盗铁门和门控系统，采用IC卡或生理特征进行身份鉴别。内部房间的窗户须安装防盗铁窗、防盗门，并在其周边安装防盗报警装置和视频监控装置。视频监控记录保存时间应不短于三个月。非工作时间和无内部人员在场时，各类涉密载体必须锁入密码文件柜或密码保险柜内，开启防盗报警系统。

（2）涉密科研场所使用的安全防护设备应符合国家相关保密技

术标准和保密管理要求。内部使用进口设备和产品,应进行保密安全技术检查。必要时,可聘请相关专业机构进行安全技术测评和鉴定。

5.涉密科研场所内部禁止安装、使用无绳电话、手机和其他无安全保障的通信设备,未经批准不得携带有录音、录像、拍照、信息储存功能的设备入内。

第六十二条　涉密资产设备保密管理

(一)采购涉密资产设备时应优先选购国产品牌,若国有资产设备不能满足科研需求,确需选购国外品牌的应经保密行政管理部门进行检测,经检测合格后方可选购使用,在使用时要做好台账登记。

(二)选购涉密资产后要做好资产入库,涉密资产设备入库一定要录入涉密资产管理系统,若单位没有涉密资产管理系统,则应手动登记入库。

(三)采购涉密资产设备报销时,应在单位涉密财务系统中办理报销手续。若没有专门的涉密财务系统,则应该对报销材料进行必要的脱密处理,或使用代号填写报销材料纸质报销,禁止涉密资产采购在非密财务系统中报销。

(四)涉密资产设备保密管理落实"谁主管、谁负责"原则,由相关部门(科研单元)负责人全面负责涉密资产设备的保管、使用、检查、维修、退库和销毁。制定相关的涉密资产设备的保密管理制度,并督促在管理过程中落实到位。

（五）涉密资产设备要粘贴资产设备信息标签，标明密级、设备型号、责任人和归属部门（科研单元）等。

（六）涉密资产设备使用时要做好登记，登记使用人、使用时间、处理内容等信息。外单位申请使用时，使用前由使用单位承办人填写《设备使用申请表》，经设备归属部门（科研单元）审核，由主管部门负责人审批，经保密委员会批准同意后方可使用。外单位在使用时须资产设备责任人全程在场。

（七）涉密资产设备在使用遇到故障时，应首先由单位相关工作人员进行维修，填写《设备维修（更换部件）申请表》（见第八章）。若单位工作人员不能解决问题须由厂家进行维修时，维修过程应有单位相关工作人员全程陪同。涉密资产设备更换部件，原部件原则不允许带出单位，确需返回厂家的，应经过设备主管部门和保密委员会办公室评估影响，签署意见，经保密委员会批准同意，由设备归属部门（科研单元）与厂家签订保密承诺书后方可带出。

（八）涉密资产设备使用期限已满，需要进行报废或退库处理的，应事先填写《设备退库(封存)申请表》（见第八章），经过审批可以做报废处理。部门（科研单元）不能私自进行处理，应送保密行政管理部门进行专门销毁。

附：

涉密科研场所保密工作领导责任书

为进一步加强单位的保密管理工作，预防和杜绝泄密事件发生，确保国家秘密的安全。根据《中华人民共和国保守国家秘密法》和中央保密委员会《关于党政领导干部保密工作责任制的规定》要求，保密委员会（以下简称甲方）与涉密科研场所保密工作责任人_____（以下简称乙方）签订保密工作责任书。

一、甲方责任

1.切实加强对保密工作的领导，保证单位保密工作正常开展，定期听取保密工作汇报，及时研究和解决保密工作中出现的新情况和新问题。

2.按照"谁主管，谁负责"的原则，层层落实保密工作责任制，加强对涉密科研场所保密工作的督促检查。

3.及时组织传达学习上级保密工作文件、指示，对涉密人员开展保密法制宣传教育工作，切实增强广大涉密人员的保密防范意识。

4.经常开展保密安全检查，指导督促涉密科研场所健全和完善各项规章制度，落实各项保密措施，及时发现和纠正各类违反保密规定行为，确保涉密科研场所不发生泄密事件。

5.按照相关规定，对乙方工作表现突出、做出显著成绩的，给予相应奖励。

6.如因疏于职守，致使涉密科研场所发生重大泄密事件的，愿依据有关规定承担相应的领导责任。

二、乙方责任：

1.履行涉密科研场所保密工作的领导职责，承担涉密科研场所的领导责任，认真学习掌握保密法律、法规，带头执行保密规章制度。

2.对涉密科研场所涉密人员加强保密教育与管理，制定完备的保密制度，检查督促保密规章制度的执行。

3.督促岗位工作人员加强对密件、密品与保密设备、设施的使用与管理，组织查找泄密隐患，杜绝泄密事件的发生。

4.及时向保密委员会报告保密工作情况，积极为保密工作献计献策。

5.如因履行职责不力，造成涉密科研场所发生泄密事件的，愿意承担领导责任。

本责任书一式两份，在甲乙双方盖章签字后生效。

甲方（盖章）:保密委员会　　　乙方（签字）：

　　年　月　日　　　　　　　　年　月　日

涉密科研场所工作人员保密工作责任书

作为涉密科研场所工作的人员,本人将履行以下职责与义务:

1. 认真学习和严格执行《中华人民共和国保守国家秘密法》和相关保密法律法规、规章,保守国家秘密。

2. 按在岗要求,认真做好本职工作。

3. 自觉遵守保密纪律,履行保密义务,接受保密培训。

4. 不使用手机谈论、发送、存储和处理涉及国家秘密事项的各种信息。

5. 未经批准,不擅自因私出国(境)或离职。

6. 不以任何方式向无关人员、组织透露与岗位工作有关的保密事项与情况。

7. 对进入本涉密科研场所的外部人员负有监督管理的义务。

责任人:

年　月　日

外来人员进入涉密科研场所审批表

填表部门（科研单元）：　　　　　　填表日期：　　年　月　日

来宾单位	来宾姓名	职务	身份证号码	预计停留时间

带入涉密科研场所名称及事由			
接待人员		接待部门（科研单元）负责人意见	
涉密科研场所负责人意见			
主管部门负责人审批意见			
备注	1.本表由接待人员事先填报； 2.本表须经接待部门（科研单元）负责人、涉密科研场所负责人和主管部门负责人审核同意，并交保密委员会办公室备案； 3.接待人员在接待过程中应有保密意识，严格遵守单位保密管理规章制度。		

外来人员保密责任书

为了加强对国家秘密和本单位工作秘密、商业秘密的保护，维护国家的安全和利益，更好地贯彻落实《中华人民共和国保守国家秘密法》及有关保密法律法规和本单位保密规章制度，要求临时外来人员必须依法严守国家秘密和本单位的工作秘密、商业秘密，并签订保密责任书。由相关部门（科研单元）代表甲方与乙方签订保密责任书，具体内容如下。

一、甲方负责对乙方进行保密教育培训和提醒，提出保密要求，定期或不定期地进行保密检查。

二、乙方决不泄露工作中接触或知悉的秘密事项，并承诺离开甲方后仍有保守秘密的义务。

三、乙方严格遵守《中华人民共和国保守国家秘密法》、《中华人民共和国保守国家秘密法实施条例》及有关保密的法律、法规和本单位的保密规章制度，保守国家秘密和本单位的工作秘密、商业秘密，维护国家的安全和利益，维护本单位的合法权益。

四、乙方若违反本责任书的约定，泄露国家秘密、本单位工作秘密和商业秘密，造成国家和本单位的利益损失，愿承担由此引起的法律责任和经济责任。

五、本责任书经双方签字盖章后正式生效,一式两份,甲乙双方各执一份。

甲方:(盖章)　　　　　乙方(签名):
　　　　　　　　　　　身份证号码:
　　年　　月　　日　　　　　年　　月　　日

进入涉密科研场所人员登记表

涉密科研场所：

序号	日期	姓名	内部陪同人员	所属单位	进入时间	离开时间	事由	备注

工勤人员保密承诺书

根据《中华人民共和国保守国家秘密法》《中华人民共和国保守国家秘密法实施条例》及相关要求，我愿做以下承诺：

一、严格遵守保密法律法规和本单位保密规章制度，认真履行保守国家秘密义务。

二、不翻看、摘抄、销毁涉密岗位上的文件、资料，不窥看、拍摄、毁坏涉密产品、物品。

三、未经批准，不带任何人进入涉密科研场所及工作场所，保管好涉密科研场所及工作场所的钥匙。

四、不与其他无关人员谈论与自己所在岗位有关的工作内容。

五、因本人原因造成泄密或损害单位利益的，愿承担相应法律责任或经济赔偿。

承诺人：

年　月　日

第十一章

涉密会议、活动保密管理

第六十三条 涉密会议，是指单位召开的议题、内容或者文件涉及国家秘密的会议。涉密活动，是指单位组织的重大或者较大涉及国家秘密的活动。如单位接待国家领导人或外国要员、进行的涉密科学技术实验等。

（一）涉密会议（活动）根据涉密程度不同分为三级：绝密级会议（活动）、机密级会议（活动）和秘密级会议（活动）。其中绝密级和机密级会议（活动）称为重大涉密会议（活动）。单位举办涉密会议（活动）应根据涉密程度不同，采取不同的保密措施。重大涉密会议（活动），应当请当地保密行政管理部门对保密工作进行监督和指导，并提供必要的安全保密技术服务保障。

（二）举办涉密会议（活动）应遵循"谁主办，谁负责"的原则，明确涉密会议（活动）的保密管理职责。主办部门（科研单元）对涉密会议（活动）保密工作负总责。

（三）涉密会议（活动）实行"全过程管理"，即从筹备、进行到结束实行保密管理。

第六十四条 涉密会议保密管理

（一）涉密会议准备

经批准同意召开的涉密会议，主办部门（科研单元）应提前做好以下准备工作：

1. 确定会议保密责任人。

2. 涉密会议召开前，主办部门（科研单元）填写《涉密会议（活动）申报表》，拟定保密方案，报单位保密委员会办公室审核，经审查核实后报保密委员会签批，并向涉密会议归口管理部门备案。保密方案内容主要包括：

（1）明确会议保密工作的目标和重点；

（2）依据相关保密事项范围，明确具体的会议保密事项及其密级；

（3）明确会议保密工作的组织领导及各环节、各阶段保密工作责任人及其工作职责；

（4）规定参加会议人员的保密纪律或保密守则；

（5）明确会议场所及各类设施、设备的保密管理要求和技术防护措施；

（6）明确会议涉密载体的保密管理要求；

（7）明确会议承办单位（部门、科研单元）的保密责任和义务；

（8）明确会议宣传报道、接受采访的保密管理要求；

（9）制定保密突发事件的应急、补救措施；

（10）规定违规违章行为及泄密责任追究办法。

3.主办部门（科研单元）选择符合保密要求的场所，配备符合国家保密标准的设施设备，严格场所保密管理，并对会场进行监督检查。使用符合国家保密要求并经安全保密检查检测的扩音、录音、录像等设施、设备；配置手机信号屏蔽等保密技术防护设备；参会人员携带、使用录音、录像设备须经主办部门（科研单元）批准；不得使用手机、对讲机、无绳电话、无线话筒、无线键盘、无线网络等无线设备或装置，不得使用不具备保密条件的电视电话会议系统。

4.涉密会议主办部门（科研单元）应依据涉密事项知悉范围确定参加人员，并填写《涉密会议人员信息登记表》。通过制作相应证件、查验身份证等方式核对参加人员，履行签到手续，确保参加人员准确无误，防止无关人员进入会场。

5.涉密会议开始前，涉密会议总负责人应向与会人员讲述清楚会议保密纪律和注意事项，进行保密教育。需要时还应该在报到时发放书面会议手册（含保密须知），主要内容包括：涉密文件、资料保密要求；对参加人员使用通信工具特别是手机的管理规定；对外宣传及接受采访规定等。

6.会议主办部门（科研单元）应指定专人负责安全保密工作，填写《涉密会议保密检查表》。举办重大涉密会议应会同单位保密工作机构对场地进行严格的保密安全检查，邀请当地保密行政管理部门进行监督和指导，共同做好安全保密防范工作。

7.会议如需发放涉密载体，需按照规定进行审批和准备，并指派专人负责涉密载体的制作、发放、存放、回收和销毁，落实保密责任，履行登记和签收手续，填写《涉密会议（活动）资料发放、清退记录表》。

涉密会议中的后勤保障服务人员，应选择内部人员承担，或由与实验室有保密协议的承办单位指派专门人员承担。

（二）涉密会议召开

1.确认进入会议现场代表身份：参会人员应履行签到手续，填写签到表，会议保密负责人应及时进行核对，防止无关人员进入会场。

2.根据实际到会人员情况发放会议涉密载体,对会场进行实时监督,检查涉密载体的使用管理是否符合保密要求,防止传递过程中的遗失和泄密事件的发生。

3.记录涉密会议内容,须使用保密笔记本。休会期间的涉密文件资料,必须集中管理或专人看管,与会人员不得擅自带出会场。

4.会议期间,主办部门(科研单元)应当加强场所保密巡查,检查有无违反保密规定、保密纪律的行为和泄密隐患,包括是否有无关人员进入,手机、录音笔等设备管理是否符合保密要求,保密技术防护设施、设备是否正常工作等。

5.涉密会议结束前,主办部门(科研单元)应当向与会人员明确告知会议精神传达贯彻及涉密文件、资料的保密管理要求;会议、活动参加单位,应当根据工作需要和主办部门(科研单元)的保密要求,限定传达贯彻范围,做好会议、活动贯彻落实过程中的保密工作。

6.涉密会议宣传报道应提前申请,并由主办部门(科研单元)对参与宣传报道的媒体范围及记者进行审核。媒体撰写新闻稿件应当严格遵守新闻出版保密规定和会议保密要求,不得涉及国家秘密。对公开报道内容是否涉密界定不清的,应报请有权确定该事项密级的上级机关(依托单位)或保密行政管理部门审查确定。相关人员接受采访,须经会议主办部门(科研单元)负责人审查批准。

(三)涉密会议结束后的保密管理

1.会议现场检查清理:会场内不存在遗漏的涉密载体,不存在遗漏的涉密设备,不存在与会议相关的横幅、手册、会议记录等。

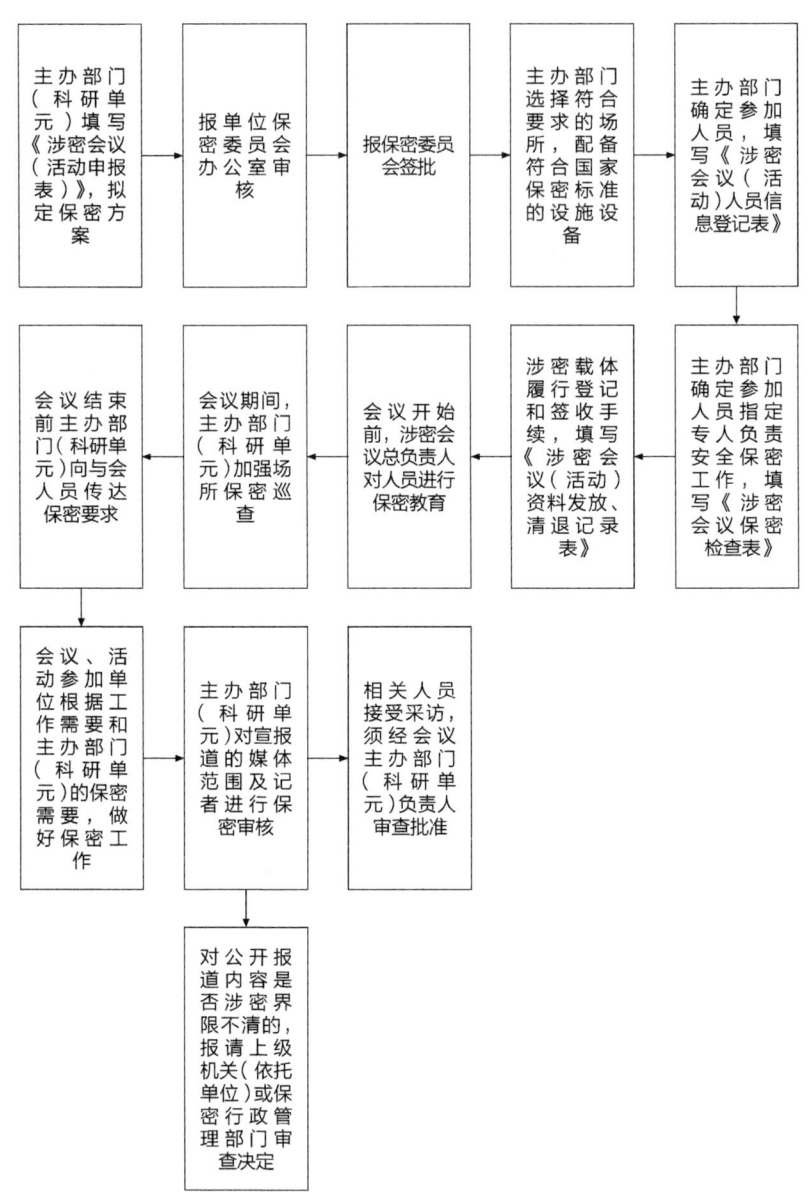

图 11-1 涉密会议管理程序

2.会议纪要和会议记录整理：会议过程中形成的会议纪要或会议记录，如涉及国家秘密，应及时收归档案并按保密管理的规定进行控制。

3.会议涉密载体的清理和销毁：对会议期间发放使用的会议涉密载体，进行回收清理和数量核对后，按涉密载体销毁的管理规定移交保密办公室进行登记和销毁，并将清退与销毁情况进行记录。

第六十五条 涉密活动保密管理

（一）涉密活动由主办部门（科研单元）牵头筹备，负责活动全过程保密工作。

（二）涉密活动前，主办部门（科研单元）填写《涉密会议、活动申报表》，拟定涉密活动保密方案（参照涉密会议），报单位保密委员会办公室审核，经审查核实后报保密委员会签批。

（三）涉密活动涉及路线、场所应提前做好检查，配备安全保密设施设备，张贴保密警示语，确保符合保密要求。重大涉密活动应请保密行政管理部门提供必要的安全保密技术服务保障。

（四）涉密活动要严格限定参与人员范围，必要时应将所有参与人员（包括服务保障人员）报国家安全机关和公安机关对其进行政治审查，并填写《涉密会议（活动）人员信息登记表》。通过制作相应证件、查验身份证等方式核对参与人员，确保参与人员身份无误。

（五）记录涉密活动内容，须使用符合要求的保密笔记本。

（六）涉密活动解密前，参与人员不得将活动涉密事项以任何形式向无关人员泄露或擅自扩大知悉范围,不得擅自向宣传机构提供资料;严格采访报道的保密审查,接受采访或公开报道应经过主办部门(科研单元)批准。

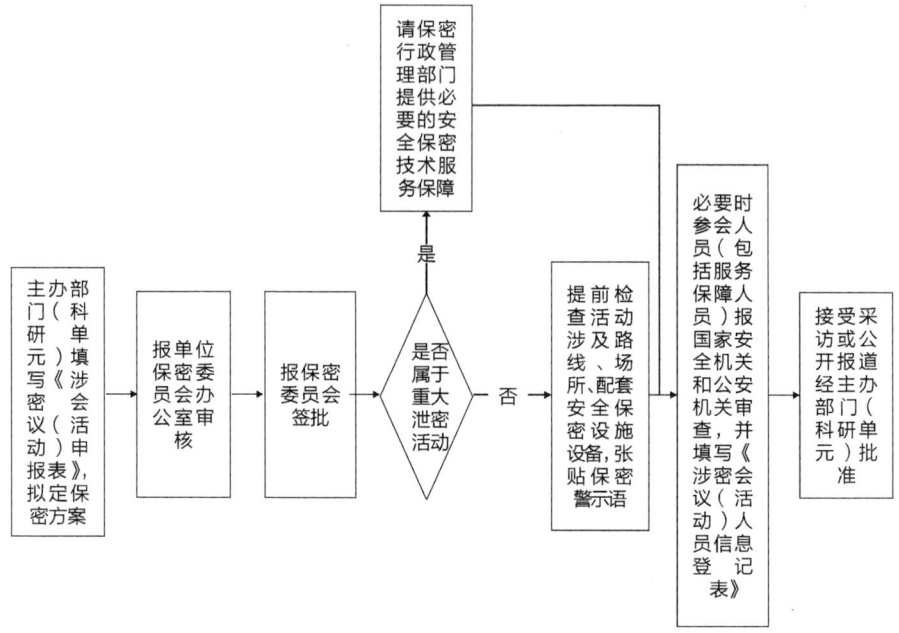

图11-2　涉密活动保密管理程序

第六十六条　涉密会议(活动)保密管理情况总结及备案

涉密会议(活动)结束后,会议主办部门(科研单元)应及时对保密管理情况进行总结,总结材料应备案存档,以备核查。需要上报的,应报送主管部门(依托单位)或同级保密管理部门。发现违规行为或者泄密问题的,应及时进行调查处理,并向保密管理部门报告。

第十一章 涉密会议、活动保密管理

第六十七条 涉外活动的保密管理

（一）涉外工作坚持"谁主管、谁负责"的原则，接待外宾或外商谈判，事先必须制定工作方案，统一对外介绍口径，报请主管领导批准后，方可按规定接待或谈判，任何单位或个人不得擅自扩大介绍范围。

（二）凡使用涉外人员必须坚持先审后用的原则，对不符合涉外条件的人员要坚决调离。对涉外人员要经常进行保密和涉外纪律教育，定期检查和考核。

（三）涉外人员必须做到六不准：

1.不准在外宾面前谈论涉及国家秘密的事项；

2.未经允许不准单独与外宾交往；

3.不准私自到外宾的住所或办公室会晤；

4.不准私自接受外宾的馈赠；

5.不准将秘密文件、资料或保密笔记本带入谈判、宴会等涉外场所；

6.不准私自向外宾赠送资料。

（四）对因公出国（境）人员在出国（境）前要进行保密教育，并制定安全保密措施。

（五）出国（境）人员在出国（境）时，不得擅自携带密级文件、图纸、资料，确因工作需要携带的，须经保密办审查，主管领导批准，并按《关于国家秘级文件、资料和其他物品出境管理办法》办理出国（境）手续，并指定专人负责保管，严防丢失。

（六）出国（境）人员在境外期间必须做到"四不准"：

1. 未经批准不得私自活动；

2. 不准随意谈论和处理涉及国家秘密的事项；

3. 不准在无保密条件的场所阅读文件、资料或商讨工作；

4. 不准接受外宾的馈赠。

（七）出国（境）人员不得使用电话、传真、明码电报和普通信件传递有关保密内容，如有紧急事项需要密电向国内请示时，必须到使领馆起草、拍发。

（八）凡需参加国际学术交流活动或向境外（含港、澳、台地区）投寄论文、稿件和其他资料，须经保密委员会审查批准。

附:

涉密会议(活动)申报表

主办部门(科研单元)			举办时间		
涉密活动形式	□会议　□试验　□展览 □上级察访　□其他			密级	
涉密会议(活动)名称					
举办地点		参加人员情况		(可单独附表)	
文件资料发放范围和数量		察访区域		(涉密活动时填写)	
保密方案及措施	(可单独附表) 拟制人(签名)　　年　月　日 现场服务人员:				
主办部门(科研单元)负责人意见	负责人(签名)　　年　月　日				
保密委员会办公室意见	负责人(签名)　　年　月　日				
保密委员会审批	负责人(签名)　　年　月　日				

注:当活动不发放资料时,"文件资料发放范围数量"栏填写"无发放";"察访区域"指视察、参观的保密区域,或拟访路线;"现场服务人员"主要指会场服务、上级机关领导视察检查现场服务的人员,本单位的可填写"本单位会务人员",单位外会场或下橱地单位参加的服务人员应填写名单。

涉密会议（活动）人员信息登记表

会议（活动）名称				
主办部门（科研单元）		参加人数		
会议（活动）时间		会议（活动）地点		
参加人员范围				
参加人员信息				
所在单位	姓名	身份证号	联系方式	备注
主办部门（科研单元）负责人签字	签字（盖章）： 年 月 日			

涉密会议(活动)安全保密检查表

涉密会议名称			会议代号	
会议地点			密级	
会议日期			参加人数	
参加保密检查的部门(科研单元)		检查人员		

	内容与要求	备注
会议前、会议中检查	1. 会场周围环境符合会议要求 ☐ 2. 会场内电视监控已关闭 ☐ 3. 会场内录音防盗设备已关闭 ☐ 4. 会场内录音设备与扩音设备的连接已关闭 ☐ 5. 会场内的讲台、桌、椅、灯具等无异常情况 ☐ 6. 会场内无异常无线发射装置 ☐ 7. 已对会场所在单位和管理人员提出了保密要求 ☐ 8. 根据会议密级已发放出入证 ☐ 9. 根据会议密级已使用了手机信号屏蔽器 ☐ 10. 已对会议服务人员进行了保密教育 ☐	
会议结束后检查	1. 会议无文件、资料遗失 ☐ 2. 会议结束检查会场无异常情况 ☐ 3. 会议代表住房已检查,无遗留与会议有关的物品 ☐	
	会议负责人(签名)　　　年　月　日	

注: 1. 根据会议密级、地点,检查的内容可以增减;
　　2. 检查结果符合要求,则在方格打"√",不符合打"×"并在"备注"栏说明,不检查项打"○";
　　3. 会议结束后与《涉密会议(活动)申报表》一并交由保密委员会办公室归档。

涉密会议(活动)资料发放、清退记录表

会议(活动)名称			
主办部门(科研单元)		参加人数	
会议(活动)时间		会议(活动)地点	
参加人员范围			
涉密会议(活动)资料发放、清退情况			
资料编号	领取人签字		清退人签字
主办部门(科研单元)负责人签字	签字:　　　　　　　　　　　年　月　日		

第十二章

对外科技交流保密管理

第六十八条 对外科技交流是指我国科技人员在境外或境内参加的有境外机构、组织、人员参与的科学技术开发、讲学、进修、培训、学术会议、文献资料交换、考察、谈判、合作研究、合作设计、合作调查、合作经营、种质资源交换、展览和咨询等活动。

对外科技交流保密管理具有主体多元化、内容多样化、情况复杂化、手段多样化、目的双重化等特点。

第六十九条 对外科技交流保密提醒

单位与涉外机构、人员（包括境外组织、机构、人员，境外驻华组织、机构或者外资企业等）开展科学技术交流、合作、转移转化等活动，如果涉及保密要点，应当由单位报请国务院有关主管部门或者省、自治区、直辖市人民政府有关主管部门审查。单位收到审查批准的书面决定后，应当严格按照保密规定开展后续工作，并与涉外机构、人员签订保密承诺书。

绝密级国家科学技术秘密原则上不得对外提供，确需提供的，应当经中央国家机关有关主管部门同意后，报国家科学技术行政管理部门批准；机密级国家科学技术秘密对外提供应当报中央国家机关有关主管部门批准；秘密级国家科学技术秘密对外提供应当报中央国家机关有关主管部门或者省、自治区、直辖市人民政府有关主管部门批准。

单位应当提交的申报材料包括：申请审查的公文（含涉外活动内容及必要性说明），涉外活动涉及国家科学技术秘密保密要点的说明，拟知悉国家科学技术秘密的涉外机构、人员情况说明，涉外活动的风险评估、保密措施及泄密应急管理措施等情况说明，拟与涉外机构、人员签订的保密承诺书文本，原定密机关、单位审查意见，其他需要提供的材料。

凡在对外科技交流的下述事项中涉及国家秘密的部门（科研单元）等，必须建立并实行对外科技交流保密提醒制度：

（1）科学技术发展战略、方针、政策、科技规划、计划；使用背景、实施方案、技术路线、经费预决算以及所涉及范围和内容；

（2）科技项目、课题及其经费预决策、实施方案、关键设备、资料、物品等；

（3）科研成果及其用途；

（4）其他未尽事项。

实行对外科技交流保密提醒制度的部门（科研单元），应当确定本部门涉密人员，由人事部门或本部门（科研单元）负责以下列方式对参加对外科技交流活动的涉密人员进行保密提醒：

（1）涉密人员出境参加对外科技交流活动，其所在单位人事或外事部门在办理出境审批手续时，应当告知其《涉密人员对外科技交流保密守则》，要求其在《涉密人员对外科技交流保密义务承诺书》上签字，承诺履行保密义务，并填写《对外科技交流涉密人员登记表》，对一年内数次出境参加对外科技交流活动的涉密人员，可以每年对其提醒一次。

（2）涉密人员在境内参加对外科技交流活动，应当事先向所在单位报告，并填写《对外科技交流涉密人员登记表》。由所在单位提醒其遵守对外科技交流保密守则，并记录在案。

涉密人员对外科技交流保密守则内容包括：

（1）公开的对外科技交流活动不得涉及国家秘密。

（2）在对外科技交流合作中，确需对外提供国家秘密的，要按照国家有关规定办理审批手续，并要求对方承担保密义务。

（3）参加对外科技交流活动不得携带国家秘密载体（包括载有国家秘密信息的便携式计算机），因工作确需携带或向境外传递机密级、秘密级秘密载体的，应按照有关保密规定办理审批手续，并采取切实可靠的保密措施；任何情况下，不得携带或向境外传递绝密级秘密载体。

（4）谈论涉及国家秘密的事项要注意场合，防止被窃听；不得在涉外公共场所及外方提供的场所谈论涉及国家秘密的事项。

（5）不得在没有保密措施的通讯工具中传递国家秘密；不得使用明码或者未经中央有关机关审查批准的密码传递国家秘密。

（6）在境外遇到危及所携带的国家秘密载体安全的紧急情况时，要立即销毁所携带的秘密载体，并及时向本单位的保密工作部门报告。

（7）发生泄密问题要立即采取补救措施，并及时向本单位的保密工作部门报告。

第七十条 涉外学术活动保密工作

（一）参加国内涉外学术团体会议和专业学术会议应事先得到所在部门及主管部门的批准，并在活动中不得泄露国家秘密和本单位秘密。

（二）未经允许不得在交谈中或学术报告中详细介绍本单位产品特点、设计关键、工艺要素和产品改进计划。

（三）撰写论文、报告或约稿学术征文，应经过本部门技术负责人审核，填写《发表学术论文、专著保密审批表》，由保密委员会办公室批准认定后才能投稿；部门负责人审核意见必须明确注明发表论文是否涉密、是否同意发表。

（四）经批准，参加国外学术交流的人员，应按照涉密人员管理，办理出国手续。

（五）严禁将涉及国家秘密的学术成果和内部资料作为本单位和个人成果公开发表。

第七十一条　投稿与出版保密要求

（一）撰写拟在国内外公开发表、出版的论文、著作，不可以直接引用通过保密试验取得的数据或通过秘密途径收集到的未公开的情报，确实需要使用时，应通过技术手法将原数据变换。

（二）撰稿人在向国内外刊物投稿前，须将原稿交本部门技术负责人审核，然后经技术管理部门进行保密审查后才准予投稿发表；当存在涉密内容时，作者应予以修改或删除或技术处理。

（三）撰写、审核、审查过程中，对其中是否涉及国家秘密或本单位秘密界限不清的不明事项时，应报保密委员会审定。

（四）根据涉密产品或从事本单位专业的职务发明而编著的著作，不能递交境外出版社出版。

（五）未经保密审查而擅自发表、出版含涉密内容的论文、著作时,因此引起的泄密责任由作者负责。

第七十二条 对外科技交流脱密管理

脱密是指根据特定的要求,对涉密信息采取删除、隐匿、替代等方法,使相关信息不再涉密,达到适用公开发表或对外提供的目的。

单位需要公开或对外提供非密的文件、资料、论文、专著及宣传文稿、图片等,撰稿人或撰稿部门应对内容中的涉密信息进行分析和处理,部门负责人或由本部门组织对其履行保密审查,明确审查意见后报保密委员会审批,确认经脱密处理已无涉密信息,达到可提供要求的予以批准。

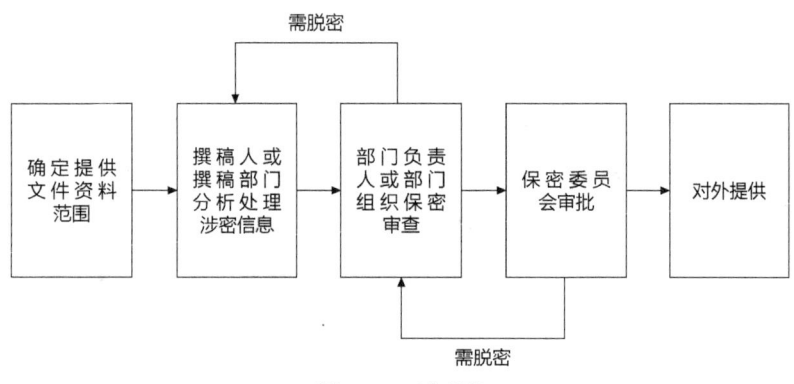

图12-1 工作程序

提供对外发表的学术论文、报告,当需引用含有国家秘密研究成果的技术文件、资料时,不能将该研究成果完整引用,只能取其中与阐述论点有关的相关内容,并对关键技术采取脱密处理,经本部门负责人和主管学术活动的部门或由部门组织对其保密审查，报保密委员会审批后，才能提供。

引用未解密的本单位商业秘密时，要分析信息公开与信息保密的利弊，只有当信息公开后可能对技术、产品、经济效益的提高更有利时，可公开引用；否则，引用时应对核心技术进行脱密，经本部门负责人或本部门组织对其保密审查，报保密委员会审批后才可引用。

涉外活动中涉密信息的脱密管理：开展产品涉外业务活动和参与国际性学术活动，应对准备提供的文件、资料进行涉密信息的脱密，不得出现部队现役装备型号、名称、指标、使用情况等，单位商业秘密的提供要经分管保密负责人批准。

（一）脱密初审

1.根据需要提供的文件、资料范围，拟制（撰稿）人或拟制部门应审阅调集的内容，当存在不可对外公开的涉密信息（包括单位密级信息）时，应对照约定提供文件进行分析；

2.通过分析，确定不采用调集的内容，以非密信息新拟文件、资料时，个人和主管外事部门承担保密审查职责，确保其中无涉密信息的，主管外事部门直接提供；

3.确定全部或部分移用归档文件、资料的，或采取对涉密内容进行修改或引用的，应提出脱密申请，填写《涉外涉密信息脱密审批表》，报分管保密负责人审批脱密许可。

（二）脱密处理

1.经分管保密负责人审批许可后，拟制（撰稿）人或业务主管部门对内容进行脱密处理；

2.由外单位提供的产品，对随机文件、资料应提出要求，由产品提供单位负责脱密，当该单位无可能实施时，可取得同意后代行脱密。

（三）脱密认可

1.脱密文稿经业务主管部门保密审查后，报保密委员会审批；

2.保密委员会根据分管保密负责人的脱密许可审批意见及脱密的结果进行脱密的认可审批。

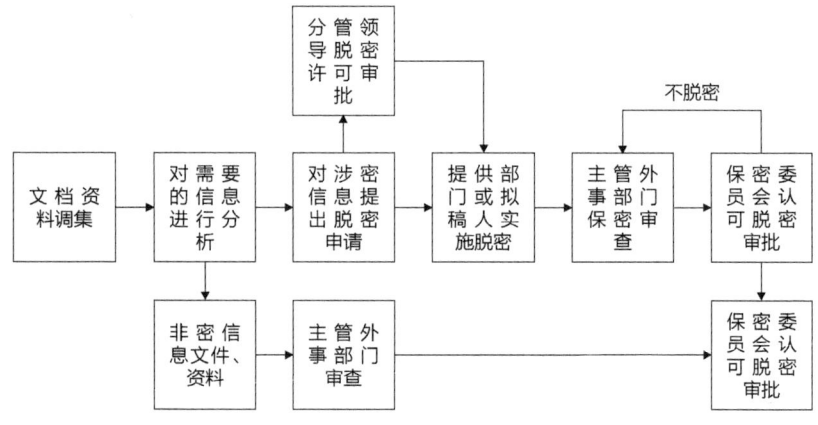

图12-2 涉密信息脱密工作程序

第七十三条 涉密科技成果保密管理

涉密科技成果向境外出口，利用涉密科技成果在境外开办企业，在境内与外资、外企合作，应当报有关主管部门批准。绝密级国家科学技术秘密原则上不得对外提供，确需提供的，应当经中央国家机关有关主管部门同意后,报国家科学技术行政管理部门批准;秘密级国家科学技术秘密对外提供应当报中央国家机关有关主管部门或省、自治区、直辖市人民政府有关主管部门批准。有关主管部门批准对外提供国家科学技术秘密的,应当在10个工作日内向同级政府科学技术行政管理部门备案。

第七十四条 向外国申请专利保密审查

任何单位或者个人将在国内完成的发明或者实用新型向外国申请专利的,应当事先报经国务院专利行政部门进行保密审查。

直接向外国申请专利或者向有关国外机构提交专利国际申请的,应当事先向国务院专利行政部门提出申请,并详细说明其技术方案;已申请国内专利,拟向外国申请专利或向有关国外机构提交专利国际申请,应向国务院专利行政部门提出保密审查的请求。

国务院专利行政部门收到关于保密审查的请求后,经审查认为该发明或者实用新型涉及国家安全或者重大利益需要保密,将向申请人发出通知,表明不能向外国申请专利或者向有关国外机构提交专利申请,并要求按照保密规定进行管理;申请人在其请求递交之日起4个月内,未收到保密审查通知的,可以就该发明或者实用新型向外国申请专利,或者向有关国外机构提交专利国际申请。

国务院专利行政部门依照前款规定通知进行保密审查的,应当及时做出是否需要保密的决定,并通知申请人。申请人未在其请求递交日起6个月内收到需要保密决定的,可以就该发明或者实用新型向外国申请或者向有关国外机构提交专利国际申请。

第七十五条 国家秘密技术出口保密管理

国家秘密技术出口，是指以技术转让、技术交流、技术合作、技术援助、技术咨询服务以及其他方式，向境外提供涉及国家秘密技术，或出口产品、设备中含有国家秘密技术以及向中外合资合作企业、外资企业以及外国驻华机构提供国家秘密技术的情形。

国家秘密技术出口时，申请单位必须依照相关规定履行报批手续，获批准后，方可与外方进行实质性洽谈。

国家秘密技术出口，必须按照批准和许可出口的范围和内容进行，不得擅自扩大或变更。技术出口经营者应当在技术出口合同中规定保密条款，要求技术的受让方承担保密义务，必要时应对受让方使用技术的范围和方式加以限定。违反相关规定，未经批准、许可出口国家秘密技术，或擅自超出批准、许可范围，或在申请出口时弄虚作假，致使国家秘密泄露的，应依法追究有关责任人的法律责任。

脱密是指根据特定的要求，对涉密信息采取删除、隐匿、替代等方法，使相关信息不再涉密，达到适用公开发表或对外提供的目的。

脱密与解密的区别在于，脱密是仅消除秘密事项中涉密信息部分的内容，而且消除的程度和数据量可根据不同的提供对象而有所不同，但不变更原事项的密级；解密是对原秘密事项的密级进行变更，使该事项所包含的信息全部公开。

附：

对外科技交流保密守则

在对外科技交流活动中，为确保国家秘密的安全，制定对外科技交流保密守则，凡是参加对外科技交流活动的人员，必须遵守并执行。

1.在对外科技交流活动中，不涉及国家秘密，不宣传、不扩大知悉范围。

2.在对外科技交流合作中，确需要向外方提供国家秘密的，要按照国家有关规定办理保密审批手续，并要求对方承担保密义务。

3.参加对外科技交流活动时，未经国家保密机构批准，任何人不得携带国家秘密载体（包括载有国家秘密信息的便携式计算机），确因工作需要携带或向国（境）外传递秘密级、机密级载体的，应按照国家有关规定办理审批手续和采用规定的传递方式，并采取切实可靠的保密措施。

4.在任何情况下，不得携带或向境外传递绝密级秘密载体。

5.不得在国（境）外的公共场所及外方提供的场所内谈论国家秘密事项；谈论涉及国家秘密的事项，要注意场合，防止被窃听。

6.不得在没有保密措施的通讯工具中传递国家秘密事项；国家秘密应按照国家规定传递。

7.在国（境）外，遇到危及所携带的国家秘密载体安全的紧急情况时，要立即销毁所携带的秘密载体，并及时向单位保密委员会报告；如发生泄密情况时，要迅速采取补救措施，并及时报告。

8.在国内进行对外科技交流时，主办部门（科研单元）应事先制定接待方案，落实保密措施，参与人员接受保密教育。

参与对外科技交流的人员应自觉遵守本守则。

对外科技交流保密承诺书

  我于　　年　月　日至　　年　月　日，参加在　　　　举行（办）的对外科技交流活动，我已知悉《对外科技交流保密守则》和其他需要明确的保密规定。

  本人承诺，在对外科技交流活动中遵守保密守则和有关保密规定，履行保守国家秘密的义务。

承诺人（签名）：

年　月　日

对外科技交流涉密人员登记表

姓名		性别		出生年月	
民族		籍贯		学历	
政治面貌		部门（科研单元）		行政职务	
现从事何种专业技术工作			现任专业技术职务		
从事专业技术工作的涉密等级					
对外活动交流事项					
外方单位（组织、机构）名称、人员姓名					
其他事项					
业务管理部门意见					

注：1. 此表用于对外科技交流前我方人员的审批；
2. 主管部门保密审查主要审查交流材料是否涉密，是否同意参加。

发表学术论文（著作）保密审批表

题目（中文）					
方式	刊物发表□　会议发表□　外出讲课□　学术交流□ 专著出版□　专利申请□　报送材料□　其他□				
传递方式	机要邮寄□　邮局邮寄□　快递邮寄（　　） 互联网上传□　上传人专人送达□　送达人（　　）				
第一作者姓名		职务职称		联系电话	
第一作者部门 （科研单元）			所在课题 （项目）组		
其他作者姓名					
刊物名称			主编单位		
学术交流会议名称			主办单位		
专著出版社名称					
第一作者（通讯 作者）申请	我代表全体作者承诺本成果不涉及重大军工项目关键技术，内容不涉及国家秘密或内部信息，可公开发表。 　　　　　　　　　　　　　　签字： 　　　　　　　　　　　　　　　　　年　　月　　日				
部门（科研单元） 负责人审核意见	该信息为非密□ 涉密□ 信息，可以□ 不可以□公开发表。 　　　　　　　　　　　　　　签字： 　　　　　　　　　　　　　　　　　年　　月　　日				
业务管理部门 审批意见	该信息为非密□ 涉密□ 信息，可以□ 不可以□公开发表。 　　　　　　　　　　　　　　签字： 　　　　　　　　　　　　　　　　　年　　月　　日				
业务分管领导 审批意见	签字： 　　　　　　　　　　　　　　　　　年　　月　　日				
保密委员会办公 室审核意见	审核人（盖章）： 　　　　　　　　　　　　　　　　　年　　月　　日				

注：1. 本表由申请人填写；
　　2. 部门（科研单元）审核必须明确提出是否涉密；
　　3. 本表由保密委员会办公室统一存档。

涉密信息脱密审批表

申报部门（科研单元）		申请人		申请日期	
文件、资料形式	□纸质　□光盘　□胶片　□移动存储介质　□其他				
提供对象			提供理由		
申请提出脱密内容	拟题目： 内容： 负责人：　　　　年　月　日				
申报部门（科研单元）意见	负责人：　　　　年　月　日				
相关部门意见	负责人：　　　　年　月　日				
业务管理部门意见	负责人：　　　　年　月　日				
业务分管领导脱密许可审批	业务分管领导：　　　　年　月　日				

注：1."提供对象"指本单位、国家或国际会议名称，或外单位名称；
　　2.申请的脱密内容应尽可能详细列出；
　　3.申请部门（科研单元）根据稿件内容决定是否需由相关部门会签，或咨询保密委员会办公室；
　　4.本表由申请部门（科研单元）留存备查。

第十三章

科技宣传报道保密管理

第七十六条 适用范围及相关要求

（一）科技宣传报道包括有关科技活动、科技试验、科技成果以及科技信息等的报刊新闻、网络新闻、电视节目、广播、声像制品、新媒体内容推送、书籍、对外报道稿件、视频、音频、图片等新闻宣传媒介以及展览展示。

宣传报道应坚持"既确保国家秘密安全又便于信息资源合理利用"的方针，遵循"业务工作谁主管，保密工作谁负责"的原则。

（二）涉密科技活动、科技试验、科技成果以及科技信息，不予宣传报道。确需宣传报道的，应按照以下要求进行：

1. 严格区分可宣传报道和必须保密的科技事项。

2. 通过报刊、图书、音像制品、电子出版物、广播电视电影、网络等进行公开宣传报道的，应严格履行保密审查程序。对其内容是否涉密不能确定的，送请业务主管部门或保密行政管理部门保密审查确定。

3. 通过新闻发布会方式发布科技活动信息、科技成果及相关数据资料的，发布部门（科研单元）事先应当对其内容进行保密审查。

4. 涉密科技项目主管部门、承担研究任务的部门（科研单元）及相关人员接受新闻采访的，不得介绍、披露项目中的涉密内容，对记者的稿件要进行保密审查。

5. 参与涉密科技项目研究的人员，向新闻媒体投寄稿件、撰写科技论文或著述、制作宣传片、编写博客微博，不得涉及涉密科技项目内容。

6. 对涉密科技活动、涉密项目确需公开报道和出版的，项目主管部门应当对其内容进行保密审查，可以解密的，先依法办理解密手续，不能解密但可以对相关涉密内容进行脱密处理的，应当先隐去涉密内容再予宣传报道。

第七十七条 宣传报道保密审查程序

宣传报道工作由单位宣传部门归口管理，相关部门（科研单元）具体实施。单位分管领导，在职责分工范围内承担新闻宣传报道事项的保密工作责任。各部门（科研单元）负责人对本部门（科研单元）宣传报道的事项负主要领导责任。宣传部门对本单位宣传工作负有指导和规范管理责任。

（一）部门（科研单元）宣传报道时，对属于国家秘密的事项不得公开报道，对确因工作需要而又涉及国家秘密事项的，应按以下程序进行：

1. 由申请部门对材料脱密后，承办人填写《对外宣传信息审批表》，经部门负责人提出相关意见，审批表附上报道稿报宣传部门和有关业务主管部门进行审查后，报保密委员会办公室提出审查意见；

2. 保密办根据有关要求进行审查后，经单位保密委员会审批同意后，保密办向承办人提供相关审批意见；

3. 承办人对外提供相关报道材料时，必须履行登记、签收手续；

4. 如无法确定宣传报道涉及事项的密级，由保密办组织承办部门负责人、业务主管部门负责人会同有关专家进行鉴定后，报单位

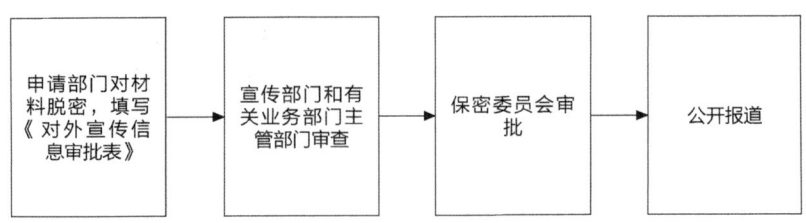

图13-1 宣传报道保密管理程序

保密委员会审定。

（二）新闻采访，统一由单位宣传部门负责接洽。所有活动、过程和行为应严格遵守保密纪律和规定。除经确认后的党和国家媒体的内参类采访、报道外，禁止涉及国家秘密事项。

被采访单位或个人确因工作需要涉及国家秘密事项的，应填写《对外宣传信息审批表》，连同发言稿件一并提交宣传部门和业务主管部门审查，经保密委员会审查同意后方可执行。

（三）摄制科研、试验等涉密内容的声像、图片资料，应由业务所在部门拟定拍摄大纲，并填写《对外宣传信息审批表》，经相关部门审查同意后方可执行；摄制涉密内容，必须由业务部门派专人全程陪同，摄制过程中所使用的录像带、存储卡由业务部门提供，专带专用、专卡专用；涉密影像制品应由具有国家保密资质单位制作；涉密影像制品制作前应与制作单位签订保密协议。摄制完成后，摄制人员应当现场将录像带、存储卡交由业务部门管理，交接登记备案。

（四）展览、推介、新闻发布、招聘、网站的保密管理

1.面向社会公开展览、推介、新闻发布的产品和成果，只能是民用品或军工技术转化为民用产品的成果，展出的实物、照片、图

表和说明，不得涉及国家或本单位秘密；国防科研口的内部汇报展览，应按照举办单位的密级要求或指定内容安排展品、展板和视频资料，不得任意扩大密级范围；举办涉密展览，应严格履行保密审批手续，填写《对外宣传信息审批表》，经各相关部门审查同意后方可执行，涉密展览原则上只供与涉密事项相关的人员参观，确因工作需要的其他人员，须按进入涉密场所的管理办法，履行相应的审批和保密提醒手续后方可参观。主（承）办单位应制定保密展览工作方案，指定专人负责保密管理工作；应选择具有国家保密资质或单位保密委员会办公室指定的单位制作展品、展板，并签署保密协议；保密展览结束后，主（承）办单位要按照保密管理规定保存或销毁展品、展板等涉密物品和各种资料。

2.举办或参加产品展览、推介、新闻发布活动时，负责牵头组织的部门应填写《社会推广信息保密审批表》，经业务主管部门审查后送保密委员会办公室，报保密委员会审批。

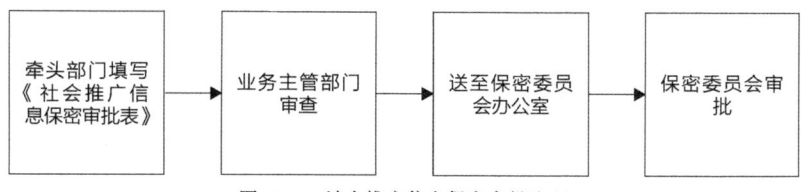

图13-2　社会推广信息保密审批流程

3.拍摄涉密内容的录像或到外单位编辑、制作涉密录像带、光盘时，承办部门应按照《国家秘密载体管理制度》的规定办理。

4.在招聘时，对发放的招聘资料和向被招对象介绍单位情况时，应对涉密内容做适当处理，从事的工作只介绍大类专业，不具体介绍科研岗位从事专业和在研项目。

5.有关人才招聘、物资招标、客户咨询和许可上网部门的信息链接应遵守有关规定，发布的信息应当是公共信息，或者是无密的共享信息。

（五）任何部门（科研单元）或个人一旦发现新闻宣传报道事项泄密问题，应立即向本单位主管保密工作的负责人和单位保密委员会办公室报告。责任部门（科研单元）需立即采取果断措施，防止国家秘密进一步扩散。

对违反保密制度规定，造成泄密的部门（科研单元）和个人，依据《保密奖惩办法》进行处理。

附：

对外宣传信息审批表

申请部门 （科研单元）		经办人		申请日期	
宣传报道 类型		□记者采访　□新闻采编　□事件报道　□人文记实　□人才招聘 □单位文化　□单位介绍　□职称评定　□其他＿＿＿＿＿				
媒体种类		□报纸　□杂志　□广播　□电视　□报告　□展示　□其他 ＿＿＿＿＿				
稿件形式		□文字　□照片　□录像带　□演讲　□展板□其他＿＿＿＿＿				
数量			传递方式		□机要通信　□自送稿
主题内容		拟题目				
申请部门（科研单元）意见		1. 此稿件内容不涉及国家秘密或工作秘密，可公开发布。 2. 内容属实，无虚假信息。 　　　　　　　　　　　　负责人（签名）： 　　　　　　　　　　　　　　　　　　年　　月　　日				
业务管理部门 审查意见		内容不涉及国家秘密或工作秘密，可公开发布。 　　　　　　　　　　　　负责人（签名）： 　　　　　　　　　　　　　　　　　　年　　月　　日				
宣传归口部门 审查意见		 　　　　　　　　　　　　负责人（签名）： 　　　　　　　　　　　　　　　　　　年　　月　　日				
业务分管领导 审批意见		 　　　　　　　　　　　　负责人（签名）： 　　　　　　　　　　　　　　　　　　年　　月　　日				

注：1. 选择"其他"的，可在"主题内容"栏中说明；"数量"的单位，根据稿件形式填写，例如，篇、件、张、块。
　　2. 单位情况介绍材料的保密审查，由拟稿部门（科研单元）负责。

社会推广信息保密审批表

申请部门（科研单元）		填表人		申报日期	
信息主题 或推广项目		□军转民技术　□订货洽谈　□招商引资 □单位文化　□其他			
举办形式	□展览　□内部汇展　□推介会　□新闻发布　□招聘				
举办时间	年　月　日至　年　月　日				
举办目的					
涉及部门（科研单元）					
主题内容	拟题目				
申请部门（科研单元）意见	1. 此项目内容不涉及国家秘密或工作秘密，可公开发布。 2. 内容属实，无虚假信息。 　　　　　　　　　负责人（签名）： 　　　　　　　　　　　　　　　年　月　日				
业务指导部门审查意见	项目中不涉及国家秘密或工作秘密，可公开发布。 　　　　　　　　　负责人（签名）： 　　　　　　　　　　　　　　　年　月　日				
宣传归口部门审查意见	负责人（签名）： 　　　　　　　　　　　　　　　年　月　日				
业务分管领导审批意见	负责人（签名）： 　　　　　　　　　　　　　　　年　月　日				

第十四章

监督检查与风险评估

第七十八条 保密检查主要指依据国家保密法律、法规、相关标准与保密制度，采取相应的管理和技术手段，对各类涉密人员保密责任制落实和规章制度执行情况进行检查的活动。

（一）保密检查原则

开展保密检查工作，应当坚持依法履职、严格标准、突出重点、注重实效的原则，既确保国家秘密安全，又便于各项工作的开展。

1.依法履职。开展保密检查是一项职权行为，实施检查行为的前提条件是法律和政策明确赋予检查主体这一职权，并要求检查主体严格按照法律、政策的规定开展检查活动。

2.严格标准。严格标准是指在实施保密检查过程中必须全面把握和严格执行有关保密的法律法规和制度标准。一是检查依据和标准要严格；二是现场检查及提出的整改标准要规范严格；三是问责标准要严格。

3.突出重点。突出重点是保密工作的基本方针，也是保密检查必须遵循的原则。保密检查要覆盖保密工作所涉及的方方面面，但在检查过程中要把重点部门、部位、涉密人员和薄弱环节作为重中之重，集中力量进行重点检查。

4.注重实效。保密检查必须注重实效，避免流于形式，确保检查取得实际效果。通过检查找出保密工作的薄弱环节和解决问题的有效途径和方法，堵塞漏洞，消除隐患，切实提高保密管理能力和水平。

(二)保密检查要求

保密检查应坚持"经常化、规范化、专业化"的工作要求。

1."经常化",要求将集中保密检查与日常检查相结合、定期检查与随机检查相结合、现场检查与远程检查相结合,形成保密检查常态化格局,使国家秘密始终处于实时监控和保护之中。

2."规范化"要求全面规范保密检查内容、标准、程序、方法和责任追究,加强检查全过程管理,提高检查的规范化水平。

3."专业化",包括检查队伍专业化以及检查工具专业化。

(三)保密检查目的

保密检查目的是督促单位贯彻落实保密法律法规,加强保密管理,及时发现泄密隐患和漏洞,完善保密防护措施,提高防护能力,寻求解决问题、堵塞漏洞、消除隐患的途径和办法,发挥以查促教、以查促改、以查促防、以查促管的作用,确保党和国家秘密安全。

(四)保密检查方法

保密检查的方法可以进行多种划分,比较常见的有以下几种。

1.按检查内容分为全面检查和专项检查。

(1)全面检查。全面检查是指包含两项以上检查内容的检查。如对保密工作整体情况的检查,包括保密工作责任制落实情况、保密制度建设情况、保密宣传教育培训情况、定密工作情况、涉密人员管理情况等多项检查内容。

(2)专项检查。专项检查是指检查内容单一,根据实际需要、科研生产过程的需要或开展重大活动的需要,确定对专项工作进行的保密检查。

2. 按检查手段分为人工检查和技术检查：

（1）人工检查。人工检查是指不需要采取技术手段，由检查人员通过查阅资料、听取汇报、询问工作人员等方式进行的检查。

（2）技术检查。技术检查是指使用保密技术检查装备和手段，对网络、设施、设备和场所等实施的检查。如针对计算机、移动存储介质、信息系统的保密技术防护情况进行检查。

3. 按检查时间分为定期检查和随机检查。

（1）定期检查。定期检查是指按照预定计划或安排，在事先规定的时间内组织的保密检查。如年度检查或年度考核。

单位每年进行的全单位范围的保密检查不少于两次，一般安排在上半年和下半年各一次，检查记录在《保密工作检查表》上。保密委员会办公室每个季度对涉密部门负责人进行保密检查，检查记录在《保密责任人工作考核表》上。保密委员会每年度内对单位保密负责人进行保密检查，检查记录在《单位保密负责人工作考核表》。涉密部门和涉密人员每月进行保密自查，自查情况记录在《部门每月保密工作自查情况登记表》和《涉密人员每月保密自查情况登记表》。

（2）随机检查。随机检查是指根据某种特别需要进行的临时性或突击性检查。

4. 按检查主体分为单位自查和上级抽查。

（1）单位自查。单位自查是指根据上级安排部署或单位工作计划，由单位组织的保密检查，该种检查方式是保密工作方面自我监督的重要方式。

（2）上级抽查。上级抽查是指保密行政管理部门或主管部门，根据有关工作安排，对单位进行的保密检查，或对某方面保密工作进行的抽样检查。

5.按检查方式分为现场检查和远程检查。

（1）现场检查。现场检查是指检查人员到达受检部门（科研单元）现场进行的保密检查。一般来说，保密检查大多是现场检查。

（2）远程检查。远程检查是指利用保密技术监管平台或其他技术手段通过远程方式进行的检查，如互联网门户网站涉密信息检查。

第七十九条 保密检查实施

（一）保密检查内容

1.保密责任。检查各级领导的保密责任制是否得到落实并履行，主要内容为：

（1）是否了解自己主管的业务工作方面的保密情况，是否结合业务工作把保密工作列入议事日程，及时研究、解决存在的问题；

（2）是否严格遵守保密规定和保密纪律，在领导业务和布置工作时，是否对保密工作提出要求；

（3）能够对保密工作开展提供人力、财力、物力保障；

（4）能否自觉接受保密检查和监督。

2.保密组织体系。检查各级保密组织能否正常、有效开展工作，主要内容为：

（1）是否建立了保密工作小组，确定了兼职保密员及相关管理人员；

（2）是否制订了保密工作计划，是否按计划开展了例会、检查、内审、培训、教育等活动，年度内是否对保密工作做出总结；

（3）部门（科研单元）保密工作负责人、兼职保密员的责、权是否明确，管理或指导本部门（科研单元）的实际保密工作是否尽职和发挥作用；

（4）对涉密人员的密级是否都做出界定，并根据工作变动作相应调整。

3. 全员保密意识。检查本单位员工的保密意识和能力是否符合二级保密资格单位的要求，着重为：

（1）是否了解自己从事岗位的保密要求；

（2）在承担的科研、生产、管理工作中是否遵守相关的保密规定；

（3）不同层次的涉密人员是否针对性地参加了保密教育、培训和宣传，并取得了相应的资格；

（4）岗位涉及的、个人管理的涉密事项是否按照规定进行了管理。

4. 涉密载体。检查涉密载体的生成过程和对不同介质的不同管理要求执行、控制情况，主要为：

（1）涉密文件、资料是否经过定密、标密，是否及时变更、解除密级；

（2）不同密级的密件、密品是否按照规定进行管理；

（3）涉密载体的制作、收发、传递、借阅、使用、复制、摘抄、保存、销毁等各个环节，是否按要求进行管理，有记录要求的是否记录齐全；

（4）涉密物品的运输、试验是否采取了安全保密措施。

5.保密要害部门、部位。检查保密要害部门、部位是否按其特殊要求进行了管理，可包括：

（1）防盗、防火、监控、识别系统是否处于正常状态，使用是否符合规定；

（2）结合实际工作和重要环节，是否制定了制度和防范措施，并落实了责任制；

（3）对外来人员或非涉密人员的进入是否按规定进行了管理；

（4）是否有自查记录。

6.涉密计算机、通信及办公自动化设备。检查涉密计算机、通信及办公自动化设备在购置、使用、保管、维修中是否符合相关的保密规定，归纳为：

（1）复印、印刷等设备是否处于正常工作状态，使用管理是否符合保密要求；

（2）传递涉密信息是否使用了保密通信设备，相关记录是否完整，与审批单是否一致；

（3）涉密计算机是否按规定标识密级，涉密计算机是否采取安全保密措施；

（4）涉密计算机是否按规定设置开机、屏保密码，并按要求更换密码；

（5）涉密计算机是否违规连接国际互联网或其他非涉密信息系统，是否存在非涉密计算机中存储或处理涉密信息的情况，是否将涉密载体接入或安装在非涉密计算机上使用；

（6）便携机及可移动存储载体的借用、使用、携带是否按保密规定进行；

（7）是否在外网或其他非涉密计算机网络信息系统上利用电子邮件或其他方式传输涉密信息；

（8）涉密计算机和各种存储介质中存储的涉密信息是否有密级标识；

（9）涉密计算机、设备的安装、使用是否考虑了防电磁泄漏技术；

（10）计算机、复印机等设备的购置、维修、报废是否遵守了保密管理规定；

（11）使用接入外网的计算机，是否实行了上网登记制度，记录是否完整；

（12）各级涉密人员是否了解使用涉密计算机、通信及办公自动化设备的基本保密规定；

（13）涉密部门有否实施自查，并做出记录。

7.涉密和涉外活动。检查涉密和涉外活动的主、承办部门在活动的前、中、后采取的保密措施和实施情况，主要有：

（1）主办或承办涉密活动前，是否制定了专项保密方案和措施；

（2）宣传报道和涉外活动，是否遵守并执行了保密审查的规定；

（3）举办的涉密会议所用文字材料和涉密载体是否按规定进行发放和回收，记录内容是否和实际相符。

8.整改结果和纠正措施的有效性。检查对发现或潜在的不符合项和问题的整改结果，确认纠正措施的有效性，主要通过：

（1）设施或设备不能满足保密要求的情况是否得到了纠正；

（2）保密检查（含外部检查、自查）中发现的不符合项是否整改合格；保密制度实施中存在的问题、保密检查中发现的问题是否得到了纠正，消除了隐患。

9.失、泄密事件处理检查。发生失、泄密事件的部门和人员在实际工作中接受教训的程度和采取的措施，主要是：

（1）对发生的失、泄密事件是否按规定如实报告，是否得到了查处，并主动查找原因；

（2）在失、泄密事件的查处中，是否做到了有效的协助、配合；

（3）针对失、泄密事件，有否采取补救措施，并举一反三消除存在的隐患。

10.保密奖惩。检查保密奖惩制度是否已落实并实施，主要通过查阅记录取得证据。

（二）保密检查实施

1.保密委员会办公室根据保密委员会的部署，确定检查日期，编排检查计划，并通知被检查部门。

2.保密委员会办公室根据被检查部门的数目和检查内容的实际需要，确定检查组成员，必要时可从有关部门抽调工作人员或专业人员加入检查组，有关部门应予以支持和配合。

3.检查组根据检查内容要求，采取听取被查部门负责人汇报、现场问询涉密人员、查验管理制度执行、查看保密工作台账、抽查保密设备等方法开展工作。

4.对计算机检查的抽查比例不少于5%，必要时可通过技术手段查验违规记录或痕迹，对具有台式计算机和便携式计算机的部门，应对其分别抽查。检查记录在《计算机检查表》上。

5.通过对保密职责的履行情况、保密管理制度的执行情况、保密工作台账的完整性、涉密计算机、通信及办公自动化设备保密措施的落实和使用情况等的查验，对被检查部门的保密管理工作做出评价。

6.涉外活动、涉密会议等受时间、地点限制的保密工作，采取现场巡查，并做出记录。

7.坚持实事求是，从严要求，以事实为依据，做出正确的判定和评价。如发现有违反国家保密法规或单位保密规章制度、危及国家秘密安全和本单位利益的情况，应当向被查部门（科研单元）提出立即整改的要求和纠正措施的建议。检查情况记录在《保密工作检查表》上。

8.检查后，对检查结果进行研究，对被检查部门（科研单元）的保密工作提出"符合要求""基本符合要求""不符合"的结论，反馈被检查部门（科研单元），由保密委员会办公室上报保密委员会；当被检查部门（科研单元）对结论有异议时，提出书面意见，随《保密工作检查表》由保密委员会办公室上报保密委员会做最终裁定。

9.在整改期限到期后,检查组对存在问题或隐患的部门进行再检查,确认纠正措施的有效性。

10.检查组成员不应参与对本人所在部门的检查,当不可回避时,应不担任组长。

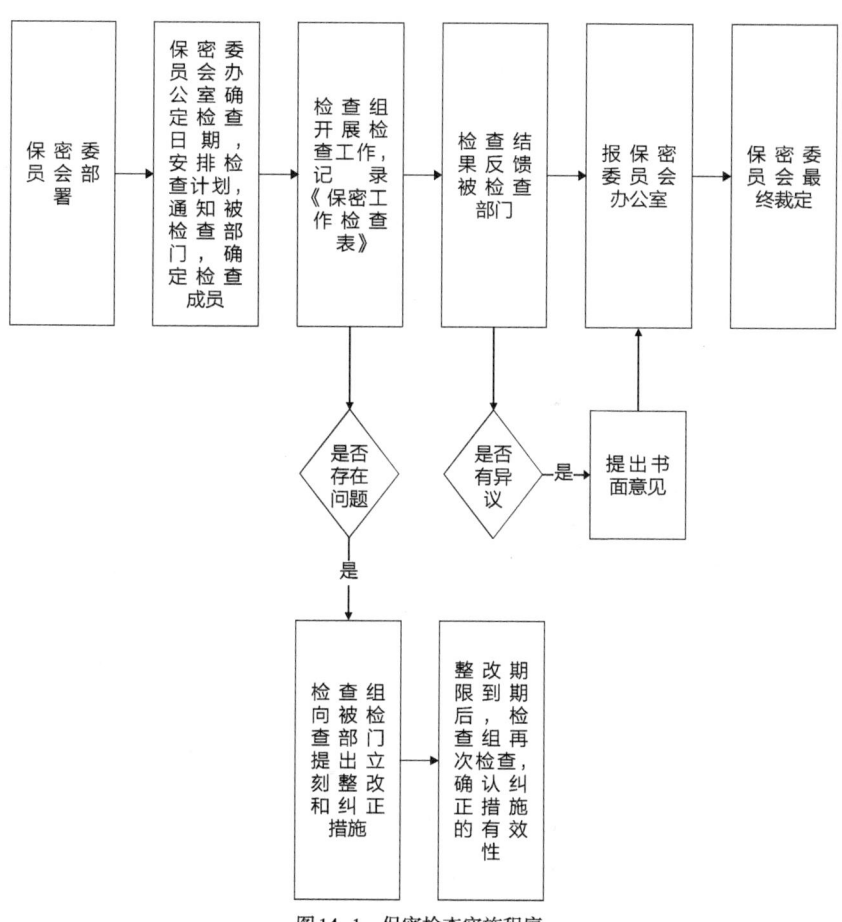

图14-1 保密检查实施程序

(三)督促整改

受检部门(科研单元)应当按照保密委员会提出的整改要求,制定整改措施,按期整改落实;对违反保密法律法规的行为,应当依纪依法予以处理。

保密委员会负责对受检单位的整改工作进行督促和指导,适时组织复查,向受检单位出具复查意见。对已落实整改要求的受检单位,做出整改结论;对采取责令停止使用和登记保存等处置措施的,做出是否取消相关处置措施的决定;对未落实整改要求的,提出处理意见和进一步整改要求。

(四)责任追究

检查中发现受检单位及其工作人员有下列情形之一的,予以批评;情节严重的,对直接负责人和其他责任人员依法依规给予处分;构成犯罪的,移送司法机关依法追究刑事责任:

1. 发生泄密案件不按规定报告或者采取补救措施的;

2. 包庇泄密和其他严重违反保密法律法规行为,或者对揭发、检举泄密和其他严重违反保密法律法规行为的人员打击报复的;

3. 拒不配合,弄虚作假,隐匿、销毁证据,或者以其他方式逃避、妨碍保密检查的;

4. 擅自使用信息擦除工具清除泄密和其他严重违反保密法律法规行为信息证据的;

5. 无故拖延整改或者拒不整改的;

6. 继续使用已经责令停止使用的设施、设备和场所的。

第八十条 保密风险评估

单位应当根据日常管理和保密检查情况，对存在的保密风险进行分析和评估。风险评估要结合实际定期开展，一般每年内至少开展一次全面风险评估。

保密风险评估内容：

（一）涉密人员管理

1.涉密人员是否符合条件，是否对涉密人员进行保密教育培训，并签订保密承诺书后上岗。

2.涉密人员是否保守国家秘密，严格遵守各项保密规章制度。

3.在岗涉密人员是否每年参加保密教育与保密知识、技能培训，培训的时间应不少于15个学时。

4.是否对在岗涉密人员进行定期考核评价。

5.是否向涉密人员发放保密津贴。

6.涉密人员离岗离职时，是否经过保密审查，签订保密承诺书，并按相关保密规定实行脱密期管理。

（二）涉密项目管理

1.确定项目负责人及项目团队，制定涉密项目保密方案，对参与项目实施人员进行保密教育培训，签订保密责任书和承诺书。

2.对涉密项目进行密点分解，根据密级分布情况设定不同涉密岗位，安排相应的涉密人员，并指定一名涉密项目保密员负责日常保密监督检查、联络协调、载体清点等工作。

3.做好项目实施中经常性的保密督查工作，进行风险评估，提出管控措施，发现问题和隐患及时清除。

4.按照规定做好项目验收、评审、载体清退、成果转化、专利申报等节点的保密管理。

(三)涉密信息设备

1.审查涉密信息设备是否符合国家保密标准,有密级、编号、责任人标识,并建立管理台账。

2.涉密信息设备的使用是否符合保密规定。

3.涉密信息设备是否采取身份鉴别、访问控制、违规外联监控、安全审计、移动存储介质管控等安全保密措施,并及时升级病毒库和恶意代码样本库,定期进行病毒和恶意代码查杀。

4.采购的安全保密产品是否选用经过国家保密行政管理部门授权机构检测、符合国家保密标准要求的产品,计算机病毒防护产品应当选用公安机关批准的国产产品,密码产品应选用国家密码管理部门批准的产品。

5.涉密信息打印、刻录等输出是否相对集中、有效控制,并采取相应审计措施。

6.涉密计算机及办公自动化设备是否拆除具有无线联网功能的硬件模块,禁止使用具有无线互联功能或配备无线键盘、无线鼠标等无线外围装置的信息设备处理国家秘密。

7.涉密信息设备的维修,是否在单位内部进行,是否指定专人全程监督,严禁维修人员读取或复制涉密信息。

8.检查涉密计算机及移动存储介质携带外出是否履行审批手续,带出前和带回后,是否进行保密检查。

(四)涉密场所管理

1.涉密办公场所是否固定在相对独立的楼层或区域。

2.涉密办公场所是否安装门禁、视频监控、防盗报警等安防系统，是否实行封闭式管理。监控机房是否安排人员值守。

3.是否建立视频监控的管理检查机制，是否定期对视频监控信息进行回看检查，保密委员会办公室是否对执行情况进行监督。视频监控信息保存时间不少于3个月。

4.检查门禁系统、视频监控系统和防盗报警系统等是否定期检查维护，确保系统处于有效工作状态。

5.检查涉密办公场所是否明确允许进入的人员范围，其他人员进入是否履行了审批、登记手续，是否由接待人员全程陪同。

6.单位未经批准，是否将具有录音、录像、拍照、存储、通信功能的设备带入涉密办公场所。

通过对以上保密工作业务流程的梳理，辨识保密风险点，制定管控措施，持续改进保密工作手段。同时，结合保密工作实际，定期分析保密风险等级，评估保密管理体系，从而防范风险发生，减少风险损失，提高保密防范能力。

附：
保密工作检查表

检查日期		被检查部门 （科研单元）	
检查组成员			
检查内容			
检查结果			
整改建议			
整改落实情况			

部门（科研单元）负责人工作考核表

部门（科研单元）：　　　　　　　　　　保密责任人：

项目	考核细则	分值	自评分	考核分	评语
领导责任制(15分)	1.是否明确分管保密工作的责任人，是否与单位签订《责任书》	2			
	2.部门（科研单元）保密责任人在工作中对本部门（科研单元）的保密工作是否有批示或要求	2			
	3.是否与本部门（科研单元）涉密人员签订了《涉密人员责任书》（2人未签扣1.5分；5人未签扣3分，）	2			
	4.年度内对本部门（科研单元）的保密工作是否做到了同计划、同部署、同检查、同总结、同奖惩（见工作会议记录，缺一"同"扣1分）	2			
	5.是否按时参加保密委会议、培训等活动（查会议记录缺一次扣1分）	2			
	6.涉密项目外协合作时是否选择有保密资质的单位	5			
兼职保密员职责(10分)	1.是否参加单位举办的保密培训活动	2			
	2.兼职保密员是否履行职责，保密工作台账记录是否完整	5			
	3.是否贯彻落实单位保密委布置的保密工作任务（查看记录缺1项扣1分）	3			
涉密工作管理(10分)	1.涉密人员是否知道本人所承担或管理的课题（或信息）的密级	2			
	2.对本人承担或管理的涉密课题（事项）所产生的涉密载体是否按规定都标明了密级标识（检查、询问）	3			
	3.涉密载体是否按要求存放于密码文件柜中且有登记表（现场查看）	5			

类别	考核内容	分值			
涉密人员管理（15）	1.有否对本部门(科研单元)涉密人员有台帐记录	3			
	2.涉密人员出差是否按规定履行了外带载体的保密安全检查	5			
	3.涉密人员出境是否到人力资源部办理出境前的宣教、检查手续(查记录)	2			
	4.在公开刊物上或用E-mail的方式发表发送论文、资料、图纸等是否经保密审批	5			
涉密载体的管理（15）	1.涉密计算机(含便携式电脑)及存储介质是否粘贴与其密级相符的密级标识(现场查看)	2			
	2.涉密载体外出是否办理外出保密检查及返回验收的手续	3			
	3.对本部门(科研单元)的涉密载体及存储介质是否都有管理台账(查看台账缺1扣2分)	5			
	4.修理、销毁涉密载体及存储介质是否办理相关手续(查记录)	5			
涉密系统安全保密管理（20）	1.涉密计算机是否设有开机、系统、屏保等密码且按规定做到定期更换(查密码更换记录)	5			
	2.上互联网是否登记、审批(查登记表)	5			
	3.是否私自拆卸单位统一安装的网络系统安全、审计、检测等软件(发现一例则扣5分)	5			
	4.是否有超越系统密级处理信息的情况	5			
办公自动化设备管理（20）	1.打印涉密文件、报告等是否登记、审批(查看登记本)	5			
	2.复印机是否做到专人管理，复印涉密介质是否办理登记、审批、编号(查看登记表)	5			
	3.涉密的打印件、复印件等是否做到封闭管理	5			
合计100分					
总评语					

考核日期：　　年　月　日

分管保密负责人工作考核表

负责人姓名		检查人姓名		检查时间		
检查记录	1.年度内是否学习过国家保密政策和法律法规?					是□ 否□
	2.年度内是否对单位的保密工作做过指示?					是□ 否□
	3.是否了解单位的保密工作重点?					是□ 否□
	4.年度内是否研究解决过保密工作重要问题?					是□ 否□
	5.年度内是否组织对单位内的保密工作进行考核?					是□ 否□
	6.年度内是否为保密工作提供过人力、物力、财力上的支持?					是□ 否□
	7.年度内是否组织进行过保密工作总结?					是□ 否□
	8.年度内是否组织进行保密工作检查? 检查结果是否合格?					是□ 否□ 是□ 否□
	9.是否清楚单位涉密人员情况?					是□ 否□
	10.是否清楚单位涉密计算机情况?					是□ 否□
	11.是否清楚单位保密要害部门(科研单元)情况?					是□ 否□
	12.是否清楚单位保密委员会工作情况?					是□ 否□
	13.是否了解单位涉密项目情况?					是□ 否□
	14.对单位保密经费预算及使用情况是否清楚?					是□ 否□
	15.年度内是否进行过保密奖励?					是□ 否□
	16.年度内单位是否发生过泄密事件?					是□ 否□
	17.其他检查内容:					
检查结论	符合□　　　不符合□ 受检人签字: 　　　　　　　　年　　月　　日					
检查情况事实确认意见	 受检人签字: 　　　　　　　　年　　月　　日					
保密委员会意见	 签字(盖章): 　　　　　　　　年　　月　　日					

注:选择项在对应的□内打"√",未涉及的项目可以不填。

部门(科研单元)每月保密工作自查情况登记表

部门(科研单元):　　　　　自查时间:

序号	保密自查项目	自查结果	整改完成情况
1	是否及时向员工宣贯单位对保密工作的各项部署,对因故未能参加集中学习的员工进行补课,并有工作记录	是□ 否□	
2	是否积极开展保密宣传活动	是□ 否□	
3	各类计算机、移动存储介质和涉密文件资料的归口管理台账是否齐全、有效,且账物相符	是□ 否□	
4	各类计算机、移动存储介质的保密标签是否完好	是□ 否□	
5	是否按要求每季度开展部门保密自查,并进行详细记录	是□ 否□	
6	各类计算机安全防护措施和策略是否正常运行,否则,是否及时报告保密办	是□ 否□	
7	计算机、移动存储介质是否有越级存储涉密信息现象	是□ 否□	
8	计算机是否有违规外连无线联接设备现象	是□ 否□	
9	管理的外网计算机、中间机和中间盘的使用操作是否符合保密要求,各项工作记录是否齐全	是□ 否□	
10	人员携带涉密便携机、移动存储介质外出是否办理了审批手续,返回单位后接受了保密检查	是□ 否□	
11	是否指定专人管理密件打印审批、登记工作,适时检查打印登记记录	是□ 否□	
12	是否组织员工开展对电子文件和纸质文件的清理,并对所有涉密文件资料是否标密、编号和移交(含外发)登记等检查,实行集中有效管理	是□ 否□	
13	部门领导是否利用会议等各种机会适时对本部门员工进行保密提醒	是□ 否□	
14	部门领导是否对即将出差、发表论文、草拟涉密文件资料、接待外宾、参加技术交流等人员进行保密提醒,提出保密要求	是□ 否□	
15	是否积极支持单位保密工作,并指导本部门员工做好个人保密自查工作	是□ 否□	
16	是否及时指出部门员工违反保密管理规定和程序的行为,并及时进行保密教育	是□ 否□	
17	其他:		

部门(科研单元)负责人签名:　　　　　日期:

涉密人员每月保密自查情况登记表

部门（科研单元）：　　　姓名：　　　　　　　　　自查时间：

序号	保密自查项目	自查结果	整改完成情况
1	个人是否知晓本职工作中的涉密事项和定密要求	是□ 否□	
2	个人使用的计算机保密标签和使用须知是否完好	是□ 否□	
3	计算机是否越级存储了涉密信息	是□ 否□	
4	涉密电子文件是否按要求全部进行了密级标识并放置在密级文件夹中	是□ 否□	
5	计算机安全防护措施和策略是否正常运行，否则，是否及时报告保密办	是□ 否□	
6	是否违规使用计算机无线外连设备	是□ 否□	
7	上外网时是否主动登记，并按规定使用移动存储介质	是□ 否□	
8	使用移动存储介质是否越级存储了涉密信息	是□ 否□	
9	借用涉密便携机、移动存储介质是否主动办理登记手续，并及时归还	是□ 否□	
10	携带涉密便携机、移动存储介质外出是否主动办理审批手续，返回后接受保密检查	是□ 否□	
11	使用涉密便携机时是否在硬盘中违规存储了涉密信息或违规连接外网	是□ 否□	
12	个人手中是否保留了涉密文件资料而未交有关部门集中管理	是□ 否□	
13	借阅、复印涉密文件资料是否按保密要求履行了审批手续，是否按规定及时归还登记管理部门	是□ 否□	
14	个人在打印涉密文件资料时，是否做到先审批后打印，并按照规定做好归档、外发、携带、销毁等审批和登记	是□ 否□	
15	个人是否按保密要求登记、存放和保管涉密文件资料	是□ 否□	
16	对外宣传、报道或发表论文前是否办理了审批手续	是□ 否□	
17	是否支持单位保密工作，并积极参与单位和部门组织开展的各项保密活动	是□ 否□	
18	是否在家庭计算机中处理、存储涉密信息	是□ 否□	
19	是否遵守单位保密管理制度中其他各项要求	是□ 否□	
20	其他：		

涉密计算机检查表

用户姓名		所属部门（科研单元）		机器品型	
硬盘序号		标识		联网情况	
检查项	检查内容			检查记录	
系统安装时间	查看系统安装、补丁安装并记录				
涉密文件检查	检查是否越级处理过涉密文件，搜索文件或痕迹，必要时可用数据恢复工具对硬盘进行数据恢复				
上网记录检测	检查本机是否有上互联网的记录，必要时利用数据恢复工具恢复残留痕迹				
USB设备检查	用USB检查工具检查本机是否使用过非密移动存储介质或其他非本单位登记的移动存储介质				
安全状况检查	查看口令设置：有无开机口令、屏保口令，其长度复杂度有无满足要求				
	账号安全：有无多余账号、是否禁用guest账户、锁定策略				
	查看个人防火墙开启、病毒防护软件有无安装、更新和使用，以及病毒感染处理情况：手工查看				
	查看有无违规外联痕迹：手工查看和专用检查工具				
	监控软件安装、多余服务关闭、默认共享关闭、U盘自动播放等情况。使用规范主要包括补丁升级、病毒库升级和防病毒软件定期扫描执行情况、违规安装软件、已打开的非法网络端口和恶意进程、共享目录、非授权无线连接等				
检查时间					
备注					

检查人签字：　　　　　　　　　　　　　　使用人签字：
部门（科研单元）负责人签字：

内网计算机检查表

用户姓名		所属部门 （科研单元）		机器品型	
硬盘序号		标识		联网情况	
检查项	检查内容			检查记录	
系统安装时间	查看系统安装、补丁安装并记录				
涉密文件检查	检查是否处理过涉密文件，搜索文件或痕迹，必要时可用数据恢复工具对硬盘进行数据恢复				
上网记录检测	检查本机是否有上互联网的记录，必要时利用数据恢复工具恢复残留痕迹				
USB设备检查	用USB检查工具检查本机是否使用过涉密移动存储介质或其他非本单位登记的移动存储介质				
安全状况检查	查看口令设置：有无开机口令、屏保口令，其长度复杂度有无满足要求				
	账号安全：有无多余账号、是否禁用guest账户、锁定策略				
	查看个人防火墙开启、病毒防护软件有无安装、更新和使用，以及病毒感染处理情况：手工查看				
	查看有无违规外联痕迹：手工查看和专用检查工具				
	监控软件安装、多余服务关闭、默认共享关闭、U盘自动播放等情况。使用规范主要包括补丁升级、病毒库升级和防病毒软件定期扫描执行情况、违规安装软件、已打开的非法网络端口和恶意进程、共享目录、非授权无线连接等				
检查时间					
备注					

检查人签字：　　　　　　　　　　　　　使用人签字：
部门（科研单元）负责人签字：

互联网计算机检查表

用户姓名		所属部门 （科研单元）		机器品型	
硬盘序号		标识		联网情况	
检查项	检查方式、内容			检查记录	
系统安装时间	查看系统安装、补丁安装并记录				
涉密文件检查	检查是否处理过涉密文件，搜索文件或痕迹，必要时可用数据恢复工具对硬盘进行数据恢复				
USB设备检查	用USB检查工具检查本机是否使用过涉密移动存储介质				
安全状况检查	查看口令设置：有无开机口令、屏保口令，其长度复杂度有无满足要求				
	账号安全：有无多余账号、是否禁用guest账户、锁定策略				
	查看个人防火墙开启、病毒防护软件有无安装、更新和使用，以及病毒感染处理情况：手工查看。				
	查看是否浏览过违法的互联网信息，如：反动、色情、暴力、邪教等。				
	监控软件安装、多余服务关闭、默认共享关闭、U盘自动播放等情况。使用规范主要包括补丁升级、病毒库升级和防病毒软件定期扫描执行情况、违规安装软件、已打开的非法网络端口和恶意进程、共享目录、非授权无线连接等				
检查时间					
备注					

检查人签字： 使用人签字：
部门（科研单元）负责人签字：

第十五章

泄密事件的报告和查处

第八十一条 泄密事件是指违反国家保密法律、法规,使国家秘密被不应知悉者知悉,或者超出限定的接触范围,而不能证明未被不应知悉者知悉的事件。

属于国家秘密的涉密载体下落不明的,自发现之日起,在规定时限内查无下落的,按泄密事件处理。

泄密包含故意泄密、过失泄密两种。故意泄密是指明知国家秘密扩散后会对国家安全和利益造成损害,但为达到某种目的而非法将国家秘密泄露给不应当知悉者;间接故意泄密是指明知自己的行为会发生危害国家安全和利益的结果,而放任这种结果发生,这种行为也按故意泄密论处。过失泄密指应当预见自己行为会使国家安全和利益遭受损害,因疏忽大意或虽已预见但过于自信造成泄密。

第八十二条 泄密事件报告制度

(一)发生泄密事件后,当事人和所在部门(科研单元)须在第一时间内向单位保密委员会或保密委员会办公室如实报告。

(二)泄密事件发生在外地时,当事人应在发现后立即报告保密委员会办公室或所在部门(科研单元),所在部门(科研单元)接到报告后应立即转报保密委员会或保密委员会办公室。

(三)使用非密电话、手机等通信工具报告泄密事件时,要做到将事件的经过表述清楚,但要执行《通信及办公自动化设备保密管理》的规定,不能在通话中泄露涉密内容,避免再次泄密。

(四)泄密事件报告的主要内容为:

1.被泄露国家秘密事项的内容、密级、数量和载体形式;

2. 泄密案件的发现经过和主要情节；

3. 泄密责任人的基本情况；

4. 泄密案件发生的时间、地点及经过；

5. 泄密案件造成或可能造成的危害；

6. 已经进行或拟进行的查处工作情况；

7. 已采取或拟采取的补救措施。

（五）发生泄密事件时，当事人应在发现的当天填写《泄密事件报告表》，交保密委员会办公室，涉及绝密级的应立即报告保密委员会；如当事人在外地，由所在部门（科研单元）填写《泄密事件报告表》，并交保密委员会办公室；当事人返回后，应将《泄密事件报告表》补充完整。

（六）出差在外地发生泄密事件时，当事人除了按要求向单位内报告外，还应根据涉及密级（机密级及以上）和保密委员会办公室的指示向当地保密行政管理部门和国家安全机关报案。

（七）发现他人及其他部门（科研单元）存在泄密的可能或发生了泄密情况时，应予以制止并向保密委员会办公室报告。

（八）泄密事件实行"一事一报"制度，部门（科研单元）或个人对泄密事件不能采取隐瞒不报、谎报、拖延时间报告、自行处理后报告、诸件合报等做法。

（九）属于国家秘密的文件、资料或其他物品下落不明的，自发现之日起，绝密级10日内，机密级、秘密级60日内查无下落的，按泄密事件处理。

（十）保密委员会接到泄密事件的报告后，在组织人员查找的同时，应于当天向当地保密行政管理部门、国家安全机关、公安机关报告，涉及秘密级内容的应在24小时内上报，涉及机密级内容的应在8小时内上报，涉及绝密级内容的应立即上报。

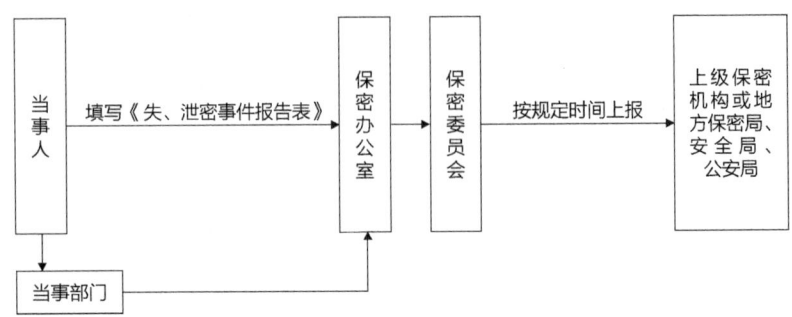

图14-1 当事人发现失、泄密事件的报告程序

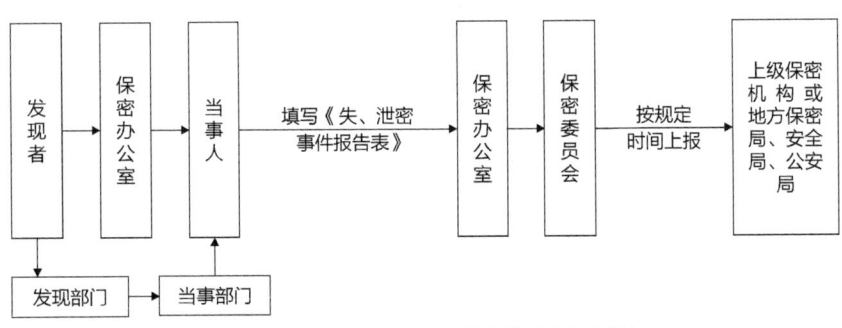

图14-2 他人发现和发觉失、泄密事件时的报告程序

第八十三条 泄密事件查处要求

（一）泄密事件查处工作规定

1.泄密事件查处工作是指对"泄露国家秘密事件"的调查处理，包括下述内容：

（1）查明所泄露的国家秘密事项的内容与密级、危害程度、主要情节和有关责任者；

（2）采取必要的补救措施；

（3）根据有关法律、法规或制度、规定对责任者提出处理意见，并督促相关部门执行；

（4）针对泄密事件暴露出的问题，提出整改工作的意见、措施，并予以落实。

2.泄密事件发生后，保密委员会应组织保密委员会办公室和相关部门（科研单元），必要时成立专案组对泄密事件进行查处。

3.泄密事件的查处工作应坚持实事求是和依法办事的原则，做到事实清楚、证据确凿、定性准确、处理得当、整改及时、记录完整，并根据泄密事项的密级、后果的轻微严重程度给出处理结果，对触犯刑律的，依法追究刑事责任。

4.在泄密查处工作中，对是否属于国家秘密和属于何种密级不明确或有争议的事项，保密委员会对在权限范围内的应予以确定，不能明确的应根据党和国家保密法律法规上报保密行政管理部门。

5.在泄密事件查处工作中，调查事件情况或取证过程，须两人或两人以上参加，调查应有记录并有被调查人的签名，调查结束后应整理出调查报告。

6.保密委员会根据调查结果及其泄密经过的情节和产生后果的严重性，按照《考核与奖惩》的相应规定对责任部门（科研单元）和责任人进行处理，触犯国家法律的，应提交国家司法机关查处。

7.凡泄露国家秘密但尚达不到刑事处罚标准的，保密工作部门、各二级单位应当根据被泄密事项的密级和行为的具体情节，给予行政记过处分或处罚。行政处分包括通报批评、警告、记过、记大过、开除等。行政处罚包括拘留、罚款、没收非法所得或违禁品等。没收的非法所得上交国库。

8.对泄露国家秘密但尚达不到刑事处罚标准，有下列情节之一的应当从重给予行政处分：

（1）泄露国家秘密已造成损害后果的；

（2）以谋取私利为目的泄露国家秘密的；

（3）泄露国家秘密危害不大但次数较多或者数量较大的；

（4）利用职权强制他人违反保密规定的。

9.泄露国家秘密已经人民法院判处刑罚的以及被依法免予起诉或者免予刑事处罚的，应当从重给予行政处分。

10.对行政处分或处罚决定有异议时，可以要求对做出的行政处分或处罚进行复议。

11.泄密事件查处工作的终结期限为三个月；终结泄密事件查处工作应当具备下列条件：

（1）泄密事件已经调查清楚；

（2）已经采取必要的补救措施；

（3）对泄密责任者已经做出处理；

（4）发生泄密事件的部门已经针对薄弱环节进行了整改，采取了加强保密工作的措施。

12.泄密事件查处工作在三个月期限（自报告之日起）内因特殊情况未能终结，不能在规定时限内报告查处结果的，保密委员会应当以书面形式报告上级机关阐明原因。

13.报告泄密事件查处结果，应包括以下内容：

（1）泄密事件的发生、发现过程；

（2）泄密事件已经或可能造成的危害；

（3）造成泄密事件的主要原因；

（4）对有关泄密事件责任人的处理情况；

（5）采取的补救措施和加强保密工作的情况。

14.发生泄密事件的二级单位和个人应对泄密原因进行认真分析，总结经验教训，积极采取防范措施，加强宣传教育，堵塞泄密漏洞，杜绝泄密事件的再次发生。

15.发生泄密事件的二级单位和个人，取消当年的一切评优资格。发生一起泄密事件的当事人，调离涉密岗位一年，在此期间不得从事与涉密岗位相关的工作；连续发生两起泄密事件的当事人，今后不得从事涉密岗位的工作。发生泄密事件的二级单位须追究保密责任人责任，造成严重后果的，由保密办公室提请保密委员会讨论，建议免去其党政领导职务。

16.泄露国家秘密的当事人是党员的，应根据党纪处分的程序给予处理。

17.对于在防止泄密事件或查处泄密事件中有突出贡献的人员给予奖励。

18.对发生泄密事件隐匿不报或故意拖延报告时间，要追究直接责任人及所在二级单位保密责任人的责任。

19.保密委员会及相关部门（科研单元），在查处工作中应当和检察、国家安全、公安、监察、党的纪律检查机关协调配合。

第八十四条 泄密隐患预警管理要求

单位要建立泄密预警机制，对科研生产过程中存在的各种泄密隐患，任何人都可随时报告，填写《泄密隐患报告表》报保密委员会办公室。

保密委员会办公室根据上述报告，对泄密隐患进行调查、处理，并按《考核与奖惩》对保密违纪事件提出处理意见，责任部门（科研单元）须立即采取纠正措施，整改闭环。

附：
泄密事件报告表

当事人姓名		职务		当事人所在部门 （科研单元）	
泄密内容 主题					
密件密级及 载体数量	□绝密件		□机密件		□秘密件
何种情况发 生泄密					
发生/发现 时间		发生/发现地 点		发现人	

泄密事件简述：（泄密事件经过、密件内容）

拟采取或已采取的补救措施

填表人		填表人所在部门 （科研单元）	

填表部门 （科研单元）意见	负责人（签名）： 　　　　　　　　年　月　日
保密委员会 办公室意见	（盖章） 　　　　　　年　月　日
保密委员会 意见	（盖章） 　　　　　　年　月　日

泄密隐患报告表

报告部门(科研单元)		报告人	
隐患说明及整改建议	年 月 日		
隐患调查结果和处理	1.泄密隐患是否属实　□是　□否 2.采纳情况 调查人　　年　月　日		
保密委员会办公室意见	签名　　年　月　日		
保密委审批意见	(盖章)　　年　月　日		

第十六章

考核与奖惩

第八十五条 总则

保密考核与奖惩适用于对单位领导干部、部门（科研单元）及其负责人、涉密人员、专兼职保密工作人员的表彰奖励和对各种违反国家保密法规和单位保密规章制度行为的处罚。

保密考核与奖惩遵循"依法依规、实事求是、客观公正、标准明确、奖罚分明"的原则。

保密考核与奖惩由单位保密委员会决定施行，由保密委员会办公室负责组织、协调和落实。违反保密相关法律法规构成犯罪的，移送司法机关依法追究刑事责任。

第八十六条 考核内容

（一）对集体考核内容

1. 贯彻执行上级保密工作指示精神及完成任务情况；

2. 保密规章制度建立和执行情况；

3. 保密教育培训开展情况；

4. 涉密人员管理情况；

5. 定密管理情况；

6. 涉密项目管理情况；

7. 保密要害部位管理及国家秘密载体管理情况；

8. 涉密会议（活动）和涉外活动保密工作情况；

9. 外场试验及协作配套保密管理情况；

10. 保密监督检查及风险管控情况；

11. 保密工作责任制落实情况；

12.保密工作档案管理情况。

（二）对个人的考核内容

1.保密法律法规、规章制度的掌握及遵守情况；

2.涉密计算机、涉密设备及载体管理情况；

3.项目实施保密管理情况；

4.参加上级组织的保密工作会议、活动情况；

5.结合业务工作主动开展保密工作情况；

6.按照保密要求自觉开展自查自纠情况。

第八十七条　奖励

（一）奖励标准

1.凡具有下列表现之一的部门（科研单元）或个人，单位保密委员会应予以表彰和奖励，并报请上级机关给予表彰：

（1）在危急情况下，保护国家秘密安全的；

（2）对泄露或者非法获取国家秘密或本单位秘密的行为及时检举的；

（3）发现他人泄露或可能泄露国家秘密或单位秘密的行为时，立即采取补救措施，避免或减轻损害后果的；

（4）对防止邮寄或非法携运属于国家秘密的文件、资料和其他物品出境有功、成绩显著的；

（5）在涉及国家秘密和单位秘密的专项活动中，严守秘密，对维护国家和本单位的安全和利益做出重要贡献的；

（6）在保密技术的研究、开发和应用中取得重大成果或显著成绩的，或者对采取的保密措施进行创造性改进，极大地提高了安全性和防窃效果，为保密工作做出贡献的；

（7）在从事武器装备的科研、生产中，一贯严守国家秘密，自觉遵守保密法律、法规和上级及本单位的保密规定，事迹突出的；

（8）长期从事保密工作管理，一贯忠于职守，确保国家秘密和本单位秘密安全的；

（9）在完成突击性保密工作中，成绩突出且主动积极的。

（二）奖励程序

1.每年度根据部门（科研单元）和个人对保密工作做出的成绩，评选出"保密工作先进集体"和"保密工作先进个人"，进行表彰，对做出突出贡献的应及时表彰。

2.每年第四季度保密委员会召开会议，部署保密工作先进集体与先进个人的评选和表彰工作，确定表彰奖励比例和方式；保密工作先进集体由部门（科研单元）自荐或推荐，填写《保密工作先进集体推荐表》；保密工作先进个人由部门（科研单元）推荐，填写《保密工作先进个人推荐表》，推荐表交保密委员会办公室。

3.保密委员会办公室汇总先进集体、先进个人推荐表，然后根据年度自查自评情况、部门推荐情况以及保密委员会日常跟踪考核等级情况进行综合排序，提出建议名单。建议名单上报保密委员，由保密委员会审批后发文公布并组织实施。

4.向上级机关推荐、申报先进集体、先进个人的候选名单，上报前应在单位内公示，征求意见。

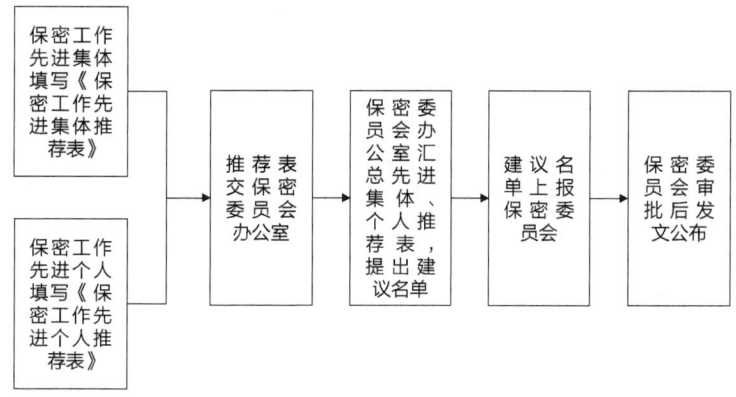

图 16-1 奖励程序

第八十八条 处罚

违反国家保密法律、法规和本单位保密规定、制度的,应根据所犯情节和造成后果的严重程度,给予行政、经济、刑事处罚,其中刑事处罚由国家司法机关裁定。

(一)有下列行为之一的,依法给予处分;构成犯罪的,依法追究刑事责任:

1.非法获得、持有国家秘密载体的;

2.买卖、转送或者私自销毁国家秘密载体的;

3.通过普通邮政、快递等无保密措施的渠道传递国家秘密载体的;

4.邮寄、托运国家秘密载体出境,或者未经有关主管部门批准,携带、传递国家秘密载体出境的;

5.非法复制、记录、存储国家秘密的;

6.在私人交往和通信中涉及国家秘密的;

7.在互联网及其他公共信息网络或者在采取保密措施的有线和

无线通信中传递国家秘密的；

8.将涉密计算机、涉密存储设备接入互联网及其他公共信息网络的；

9.在未采取防护措施的情况下，在涉密信息系统与互联网及其他公共信息网络之间进行信息交换的；

10.使用非涉密计算机、非涉密存储设备存储、处理国家秘密信息的；

11.擅自卸载、修改涉密信息系统的安全技术程序、管理程序的；

12.将未经安全技术处理的退出使用的涉密计算机、涉密存储设备赠送、出售、丢弃或者改作其他用途的。

前述行为尚不构成犯罪且不适用处分的人员，由保密委员会督促所在部门予以处理。

（二）对违反国家保密法律、法规尚达不到刑事处罚标准的责任人，视情节轻重分别给予批评教育或行政处分、经济罚款。

（三）不遵守保密制度或工作疏忽，造成泄密事件的发生，尚达不到刑事处罚标准的，应追究责任人和所在部门（科研单元）的行政责任。

（四）泄露国家秘密尚达不到刑事处罚标准的，根据被泄露事项的密级和行为的具体情节，给予行政处分，行政处分的类别和适用情况见表16-1。

（五）凡发生泄密事件，除追究当事人的责任外，还要根据事件的严重程度和承担的责任，追究部门（科研单元）负责人的责任。

（六）对泄露国家秘密尚不够刑事处罚的，有下列情节之一的，

表16-1　行政处分类别和适用情况

行政处分类别	适用情况
警告	泄露秘密级国家秘密或单位秘密，后果不严重
记过	泄露秘密级国家秘密或单位秘密，造成一定后果或没有及时采取措施，影响了补救办法的实施；泄露机密级国家秘密，造成后果不严重
记大过	泄露秘密级国家秘密或单位秘密，造成后果较为严重或态度不端正，妨碍对泄密事件的查处并影响采取补救的时机和措施的有效；泄露机密级国家秘密，造成后果较严重
降职	泄露机密级国家秘密或单位秘密，造成后果严重或态度不端正，妨碍对泄密事件的查处并较难补救
降级	泄露机密级国家秘密或单位秘密，造成后果严重或态度不端正，对实情采取隐瞒、谎报，妨碍对泄密事件的查处并已无法补救
撤职	泄露绝密级国家秘密或单位秘密，造成后果或影响极为严重
留用察看	泄露绝密级国家秘密或单位秘密，造成后果或影响极为严重且态度恶劣，阻碍查处工作的开展
开除公职	泄露绝密级国家秘密或单位秘密，造成后果或影响极为严重并已无法采取补救措施，态度恶劣，制造事端，妨碍查处

注：1.触犯法律，经司法机关审理，批准执行刑事处罚的，给予"开除公职"；
　　2.具体查处中还要根据当事人泄密原因、情节、密级和态度，量度处罚的适用性；
　　3.将情节轻微的当事人调离原岗位，不属于行政处分。

应当从重给予行政处分：

　　1.泄密已造成严重损害的后果；

　　2.以谋取私利为目的泄露国家或单位的秘密；

　　3.泄密造成的危害虽不严重，但泄密次数在三次以上（含三次）

或单次泄密的信息量较大；

4.利用职权采取强制手段，迫使他人违反保密规定；

5.玩忽职守造成泄密。

（七）泄露国家秘密已经被司法机关判处刑罚的，以及被依法免于起诉或者免于刑事处罚的，应当从重给予行政处分。

（八）凡发生泄密事件的当事人、当事部门（科研单元），实行一票否决，取消当年各项先进的评选资格。

（九）对秘密事项及其载体不按规定确定或标明密级，而造成泄密的，按定密规定确定密级后，对不按规定定密或标密的当事人和当事人所在部门（科研单元）做出处理。

（十）因所在部门（科研单元）负责人对保密工作不重视、不教育、不提醒本部门（科研单元）的员工、对存在的事件苗头不落实措施整改，由此造成泄密事件或撤销本单位保密资格的重大事故时，相关的各级负责人按渎职行为构成责任事故，追究其责任。

（十一）对行政处分或者处罚决定持有异议时，可以要求进行复议。

（十二）违反保密规定的处罚，可以扣发保密津贴、行政处分、经济罚款三项一并执行，也可执行其中1~2项。

（十三）当泄露的秘密危害国家秘密的安全时，由国家司法机关依法确定罪名、追究刑事责任并依法裁定刑事处罚。

附:
保密工作先进集体推荐表

被推荐部门（科研单元）		涉密人员人数	
推荐理由 （可附页）			
推荐部门 （科研单元）意见	负责人（签名）　　年　月　日		
保密委员会 办公室意见	负责人（签名）　　年　月　日		
保密委员会 审批意见	保密委员会（盖章）　　年　月　日		

保密工作先进个人推荐表

被推荐人姓名		性别		民族		出生年月	
工作部门（科研单元）			职务或职称		政治面貌		
简 要 事 迹							
推荐部门（科研单元）意见				负责人（签名） 年 月 日			
保密委员会办公室意见				负责人（签名） 年 月 日			
保密委员会审批意见				保密委员会（盖章） 年 月 日			

后　记

本书在成书过程中得到了国家保密局相关业务部门和中国保密协会领导的关心，得到了海洋试点国家实验室、中国海洋大学领导的大力支持。房子琪、罗祥裕、宋成洋、吴昊、张洪珲、孙阳、刘文惠、赵娅琴、李韵、韩坤、刘质浩、徐惠媛、由开敏等提供了积极帮助。在本书出版之际，十分感谢所有关心支持和提供帮助的领导、专家和同仁！

由于水平有限，书中如有不足之处，敬请指正。

宋海涛

2020年11月